挥发性有机物污染控制系列丛书

工业企业涉 VOCs 工艺过程及燃烧烟气研究与实践

沙 莎 等编著

中国环境出版集团·北京

图书在版编目（CIP）数据

工业企业涉 VOCs 工艺过程及燃烧烟气研究与实践/沙莎等编著. —北京：中国环境出版集团，2022.12

（挥发性有机物污染控制系列丛书）

ISBN 978-7-5111-5359-3

Ⅰ. ①工… Ⅱ. ①沙… Ⅲ. ①工业气体—挥发性有机物—空气污染物控制 Ⅳ. ①X513.6

中国版本图书馆 CIP 数据核字（2022）第 237243 号

出 版 人 武德凯
责任编辑 李兰兰
封面设计 宋 瑞

出版发行 中国环境出版集团
（100062 北京市东城区广渠门内大街 16 号）
网 址：http://www.cesp.com.cn
电子邮箱：bjgl@cesp.com.cn
联系电话：010-67112765（编辑管理部）
010-67112735（第一分社）
发行热线：010-67125803，010-67113405（传真）

印 刷 北京建宏印刷有限公司
经 销 各地新华书店
版 次 2022 年 12 月第 1 版
印 次 2022 年 12 月第 1 次印刷
开 本 787×1092 1/16
印 张 10.25
字 数 210 千字
定 价 45.00 元

前　言

目前，我国面临细颗粒物（$PM_{2.5}$）和臭氧（O_3）污染形势严峻的双重压力。在我国大气污染控制中，臭氧已成为导致部分城市空气质量超标的首要因子，京津冀及周边地区、长三角地区、汾渭平原及苏皖鲁豫交界地区等区域尤为突出。

挥发性有机物（VOCs）是形成臭氧的重要前体物之一，VOCs 污染成为当前大气污染治理的重点与难点问题，减排 VOCs 是我国现阶段控制臭氧污染的有效途径。为持续改善大气环境质量，落实《大气污染防治行动计划》等相关文件要求，推进 $PM_{2.5}$ 和 O_3 协同控制，有效遏制 O_3 浓度增长趋势，加快 VOCs 排放综合整治，生态环境部提出要建立全过程管控体系，精准管控重点行业 VOCs 排放。

生态环境部环境工程评估中心是国内较早开展 VOCs 污染源排查、核算与控制政策研究的单位之一，并成立了挥发性有机物污染防控研究中心。在多年的研究工作中，建立了一套工业企业大气污染源归类解析体系。《工业企业涉 VOCs 工艺过程及燃烧烟气研究与实践》《工业企业涉 VOCs 多点散发源及监测分析等研究与实践》《工业企业涉 VOCs 储运及非正常工况研究与实践》三本系列图书，是在 2015 年出版的《石化化工企业挥发性有机物污染源排查及估算方法研究与实践》一书的基础上，将行业范围从石化化工行业拓展至涉 VOCs 排放的所有工业企业，共涉及 16 个排放源项及相关监测要求。本书重点针对燃烧烟气、工艺过程源、涉 VOCs 产品的使用过程、厂内道路及非道路移动源的源项解析、现场排查、排放量估算方法、管理要求等开展分析。

本书是在借鉴美国《石油炼化企业最大可达控制技术（MACT）标准指南》和《美国炼油厂排放估算协议》等文件的基础上，结合生态环境部环境工程评估中心挥发性有机物污染防控研究中心在大气污染源归类解析体系的工作基础，结合行业特点和管理需求，陆续对石化化工、煤化工、制药农药、工业涂装、包装印刷、储油库等行业的废气污染源开展研究。企业作为污染源控制的法律责任主体，生态环境管理部门作为当地环境空气质量的主要责任主体，必须弄清楚所有管控污染物的产生与排放情况，包括有组织排放和无组织排放。本书将结合我国工业企业的实践经验，分不同源项，分别提出污染源排查的方法、现场检查程序以及推荐估算方法，可为相关工作者在理清大气污染控制思路和工业源大气污染全过程精细化管控体系等方面提供借鉴。

本书由沙莎负责书稿总体设计、撰写、审核与最终定稿工作，主要参加人员及其负责的章节如下：第1章，沙莎、庄思源；第2章，沙莎、庄思源；第3章，于喆；第4章，黄敏超；第5章，王之正、王奉天；第6章，沙莎、王卫红；第7章，宋骞、吴琼慧。

在研究和编著过程中，本书还得到韩建华教授级高工、叶代启教授等专家的指导和帮助。此外，郭森、牛皓、孙慧、段潍超、何少林、王奉天、高少华、朱胜杰、贾瑜玲、杨一鸣、贾萍参与了部分章节的资料整理、书稿讨论和校稿等工作。希望本书的出版不仅可以为生态环境管理领域的工作人员及工业企业的环境管理工作者提供借鉴，也可以为相关领域人员提供有价值的参考。

本书涉及内容较为广泛，研究思路和方法在国内尚无更多借鉴，由于时间仓促，书中难免存在不当之处，恳请广大读者批评指正，以便进一步探讨和完善。

目　录

1 概　述

1.1 挥发性有机物简介

1.1.1 挥发性有机物的定义

挥发性有机物因对环境和人体的危害而受到越来越多的关注。因为侧重点不同，各个国家、地区、组织对挥发性有机物有不同的定义。“十三五”期间，我国明确了挥发性有机物（VOCs）是指参与大气光化学反应的有机化合物，包括非甲烷烃类（烷烃、烯烃、炔烃、芳香烃等）、含氧有机物（醛、酮、醇、醚等）、含氯有机物、含氮有机物、含硫有机物等，是形成臭氧（O_3）和细颗粒物（$PM_{2.5}$）污染的重要前体物之一。《石油炼制工业污染物排放标准》（GB 31570—2015）将 VOCs 定义为“参与大气光化学反应的有机化合物，或者根据规定的方法测量或核算确定的有机化合物。”《挥发性有机物无组织排放控制标准》（GB 37822—2019）也明确将 VOCs 定义为“参与大气光化学反应的有机化合物，或者根据有关规定确定的有机化合物。在表征 VOCs 总体排放情况时，根据行业特征和环境管理要求，可采用总挥发性有机物（以 TVOC 表示）、非甲烷总烃（以 NMHC 表示）作为污染控制项目”。

美国国家环境保护局（USEPA）从光化学性质角度将 VOCs 定义为除一氧化碳（CO）、二氧化碳（CO_2）、碳酸（H_2CO_3）、金属碳化物、金属碳酸盐、碳酸铵外，任何参加大气光化学反应的碳化合物，并将光化学活性较小的碳化合物列入豁免清单。欧盟《国家排放上限指令》（2001/81/EC）等也参照美国 VOCs 定义，但是只豁免甲烷。

世界卫生组织（WHO）将总挥发性有机物（TVOC）定义为熔点低于室温，沸点在 50～260℃的挥发性有机化合物的总称。欧盟 1999/13/EC 指令将 VOCs 定义为在 293.15 K 温度下，蒸汽压大于或等于 0.01 kPa 的任何有机化合物；德国 DIN 55649—2000 标准规定，在常温常压下，任何能自然挥发的有机液体和/或固体，一般都视为可挥发性有机化合物。

在常压下，国内外较为流行的 VOCs 定义主要可以分为两大类，分别从光化学性质和物理性质两个角度进行定义，其中从物理性质角度的定义又可分为两种。以 WHO 为代表的定义是从物理性质角度，根据蒸汽压或沸点对 VOCs 进行定义；以欧盟有机溶剂使用指令为代表的定义，将其扩展到特定条件下具有相应挥发性的有机化合物。我国部分国家标准仅对非甲烷总烃的监测标准使用了物理性质角度的定义。

可以看出，从光化学性质角度的定义体现了控制 VOCs 的原因是为了减少大气环境中的光化学反应，从而达到控制环境空气中臭氧形成的目的，进而控制 $PM_{2.5}$ 的产生。从物理性质角度的定义则更注重有机物大气污染源（包括人群健康危害污染源）的控制，关注的是有机物挥发进入大气环境途径和污染源强，与实际的环境空气质量标准因子之间的联系难以界定，还容易与人群健康、职业卫生的管控领域相重叠，导致管控的目标不明确。

因此，从 VOCs 的光化学性质来考虑，更能体现污染物控制的针对性，有利于开展污染源的精细化管理，更能体现出生态环境部提出的将我国环境管理由“以环境污染控制为目标导向”向“以环境质量改善为目标导向”转变的思想。

1.1.2 挥发性有机物污染控制的意义

当前，我国以 $PM_{2.5}$ 和 O_3 为特征污染物的大气复合污染形势严峻。VOCs 是导致 O_3 污染的重要前体物，同时，对 $PM_{2.5}$ 生成也具有显著贡献。中共中央、国务院高度重视生态环境保护工作。习近平总书记多次对 O_3 污染问题作出重要指示、批示，要求将 $PM_{2.5}$ 和 O_3 协同控制纳入“十四五”规划，为大气污染防治工作指明了方向，为开展 $PM_{2.5}$ 和 O_3 协同防控提供了根本遵循。2020 年 9 月，国务院总理李克强召开国务院常务会议，听取大气重污染成因与治理攻关项目研究成果汇报，部署加强大气污染科学防治、促进绿色发展，要求进一步深入开展区域大气污染治理科研攻关，促进 $PM_{2.5}$ 和 O_3 协同治理。

党的十八大以来，通过实施《大气污染防治行动计划》《打赢蓝天保卫战三年行动计划》，同时在大气重污染成因与治理攻关、大气污染成因与控制技术研究等科技项目支撑下，我国空气质量明显改善，$PM_{2.5}$ 浓度显著降低，全国 $PM_{2.5}$ 平均浓度在 2015—2019 年下降了 20%。与 2016 年相比，2020 年“2+26”城市[①] $PM_{2.5}$ 平均浓度下降了 30%，重污染天数减少了 60%，公众的蓝天获得感和幸福感大幅提升。近年来，O_3 污染逐渐成为制约优良天数比例进一步提高的重要因素。2015 年以来，全国 O_3 平均浓度持续上升，2019 年全国 O_3 平均浓度为近 5 年最高（148 $\mu g/m^3$），比 2015 年上升 20%。O_3 浓度高值地区范围也不断扩大，2015 年仅北京及周边地区、山东中西部地区、长三角大部分地区、成

---

① “2+26”城市指京津冀大气污染传输通道城市，包括北京，天津，河北省石家庄、唐山、廊坊、保定、沧州、衡水、邢台、邯郸，山西省太原、阳泉、长治、晋城，山东省济南、淄博、济宁、德州、聊城、滨州、菏泽，河南省郑州、开封、安阳、鹤壁、新乡、焦作、濮阳。

都平原局部地区 O_3 年评价值（全年日评价值的第 90 百分位数）超过 160 μg/m³，10 余个城市超过 180 μg/m³；而 2019 年整个京津冀及周边地区、汾渭平原、长江中游大部分地区和珠三角地区 O_3 年评价值超过 160 μg/m³，50 余个城市超过 180 μg/m³，O_3 污染天数在空气质量超标天数中的占比也逐年上升。

大量研究表明，VOCs 对环境的影响主要有两方面，一方面，VOCs 具有光化学特性，NO_x 和 VOCs 在阳光中紫外线的照射下，可生成各种光化学氧化剂，由于 O_3 占 90%以上，所以 O_3 成为光化学氧化剂的代表物。O_3 进一步氧化大气中的 SO_2、NO_x 和 VOCs，生成 SO_3^{2-}、NO_3^- 和有机气溶胶，其中 SO_3^{2-}、NO_3^- 为二次 $PM_{2.5}$ 的形成提供了阴离子，它们与大气中的 NH_4^+、Ca^{2+}、Mg^{2+} 等阳离子结合形成了无机的二次 $PM_{2.5}$，再加上有机气溶胶共同形成了二次 $PM_{2.5}$，成为 $PM_{2.5}$ 的主要贡献之一（见图 1-1）。

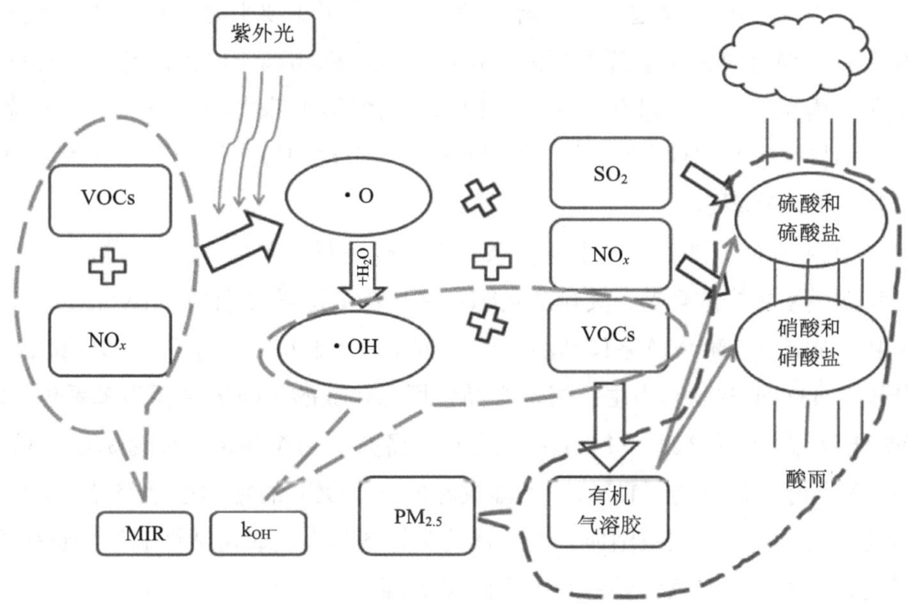

MIR：最大增量反应活性系数；k_{OH}：空气中的氢氧根离子。

图 1-1 大气总光化学反应示意

另一方面，大部分 VOCs 及其光化学产物属于有毒有害物质，对人体健康有直接影响。USEPA 颁布了有毒有害大气污染物（Hazardous Air Pollutants，HAPs）名单，其中大多数的 HAPs 都属于 VOCs，美国最初控制的 189 种有毒有害大气污染物中有 149 种属于有机物。澳大利亚的国家污染物清单（NPI）物质名单中有 41 类 VOCs 物质，因为其对植物、动物和人类健康具有毒性而被单独进行统计。

从字面来看，VOCs 是一类具有挥发性的有机化合物，它与一些常规的污染物如 SO_2、NO_x 不同，并不是只代表一种或是少数的几种物质，它实际上是一大类物质的综合体，与水环境中的化学需氧量（COD）类似，是评价一类物质的综合性指标。

挥发性有机物来源可分为自然源和人为源两种。大气中的挥发性有机物主要来源于自然源，包括生物（如植被，海洋、土壤微生物等）排放和非生物过程（如地球运动、森林燃烧等）排放。全球每年 65%以上的非甲烷挥发性有机物来源于植物排放，主要为异戊二烯、单萜类、倍半萜类、醇类和酮类等物质。异戊二烯是挥发性有机物中最主要的天然排放物，因为它们在大气中极易发生化学反应而形成光化学氧化剂和气溶胶粒子。据估算，全球挥发性有机物自然源排放 11.5 亿 tC/a，远超过同期的人为源排放；美国自然源年排放 2 966 万 t VOCs，占所有源排放量的 58.8%。

在城市地区，挥发性有机物主要来源于人为排放，但人为源十分复杂，大致可分为工业源、移动源、生活源和农业源。据估计，全球的人为源挥发性有机物年排放量为 14 200 万 tC，燃料燃烧、交通排放、溶剂使用是三大最主要来源。不同类型的排放源排放的挥发性有机物组成和含量都不相同，可由特征示踪物种［如乙炔是机动车尾气的特征示踪物种；丙烷、丁烷是液化石油气（LPG）的特征示踪物种；癸烷、十一烷是柴油车尾气排放的特征示踪物种；异戊烷、2-甲基戊烷、正己烷等是汽油车尾气和汽油挥发的特征示踪物种］进行识别。

我国人为源 VOCs 排放分布十分复杂。固定燃烧源、道路移动源、溶剂产品使用源和工业过程源是主要排放环节，其排放贡献率在全国范围内分别约为 28%、24%、18%和 16%。其中，固定燃烧源和道路移动源排放 VOCs 以不饱和烃（分别为 27%和 24%）、苯系物（分别为 43%和 36%）为主；溶剂产品使用源排放的 VOCs 主要为苯系物（27%）、醇/酮/酯类化合物（均为 12%～14%）；工业过程源排放的 VOCs 主要为烷烃（33%）、苯系物（21%）和醇类化合物（15%）。各排放源排放 VOCs 的化学组分差异，导致了其对大气环境的不同影响。全国范围内，道路移动源是增强大气氧化活性的第一贡献排放源，而固定燃烧源则是引发大气毒性的第一贡献排放源。

除了一次排放污染物，大气中的部分挥发性有机物还来源于二次生成。一次排放污染物在大气化学反应过程中，被氧化生成醛、酮等含氧的挥发性有机物。

1.2 美国挥发性有机物污染管控体系简述

1.2.1 美国标准体系概况

美国是最早开展 VOCs 污染控制的国家。在总结数十年污染治理经验的基础上，美国目前已经建立起了一套行之有效的大气污染物控制标准体系。很多国家和地区的 VOCs 控制标准均是借鉴美国控制标准制定的。

美国洛杉矶光化学烟雾事件影响深远，它促使美国开始加强对光化学污染的研究，并催生了一系列空气污染防治法律法规。经过60多年的大气污染治理，目前洛杉矶每年发布的空气质量健康警报次数已经下降了90%以上。这充分说明了洛杉矶以及美国在臭氧污染防治方面的成效。美国大气污染物排放标准属于法律的组成部分，主要包含在《清洁空气法》（CAA）和《美国联邦法规》（CFR）中。工业源控制标准主要将大气污染物分为常规污染物和有毒有害污染物两类，并结合现有排放源和新建排放源分类分层级进行控制。上述两类标准均涉及VOCs的污染控制。

美国根据国家环境空气质量标准（NAAQS），将全国不同区域分为达标地区和未达标地区。对于达标地区，主要是防止空气质量出现恶化，该地区的新源采用最佳可得控制技术（BACT）；对于未达标地区，以实现国家环境空气质量为目标，新源采用最低可得排放率（LAER）。对于所有现源，则统一采用合理可得控制技术（RACT）。对于有毒有害污染物，对主要污染源要求采用最大可得控制技术（MACT），对小污染源要求采用一般可达控制技术（GACT）。

基于污染控制技术制定的严格程度，USEPA统一制定了常规污染物中的新建固定污染源实施标准（NSPS）和有毒有害大气污染物国家排放标准（NESHAP）。对于常规污染物中的现有排放源控制分为两种：非指定污染物直接由州制订控制计划；指定污染物则由USEPA公布排放指南，各州据此制订控制计划。

1.2.2 新建固定污染源实施标准

NSPS是由USEPA制定的适用于所有新源的全国统一的排放标准。所谓新源，是指在适用于该污染源的排放标准颁布后开始建造或改建的任何固定源。一旦这种污染源按照NSPS管理，就称之为受控设施。新建固定污染源实施标准以源头控制、过程控制及末端治理技术控制为基础制定，按照不同的行业和污染源分为100多项（见表1-1）。标准可分为行业标准和通用标准。行业标准重点对以石化化工、电力、金属行业为主的重污染、高排放、集中度高的行业提出了较为详细的要求，其中石化化工行业涉及标准23项，金属行业涉及11项。通用标准主要控制重点过程环节，根据各行业的特点，分别对焚烧炉、储罐、废水处理、装卸等过程环节提出具体要求。当行业标准与通用标准发生交叉时，可相互进行引用和补充。

表1-1 美国新建固定污染源实施标准（NSPS）涉及VOCs相关章节

序号	Subpart	章节
1	A—General Provisions	A—总则
2	K—Petroleum Storage Vessels	K—石油储存容器
3	EE—Surface Coating of Metal Furniture	EE—金属家具的表面涂层

序号	Subpart	章节
4	MM—Automobile & Light Duty Truck Surface Coating Operations	MM—汽车及轻型卡车的表面涂装作业
5	QQ—Graphic Arts Industry：Publication Rotogravure Printing	QQ—印艺行业：出版凹版印刷
6	RR—Pressure Sensitive Tape & Label Surface Coating	RR—压敏胶带和标签表面涂层
7	SS—Industrial Surface Coating：Large Applications	SS—工业表面涂层：大应用
8	TT—Metal Coil Surface Coating	TT—金属卷材表面涂层
9	VV—Synthetic Organic Chemicals Manufacturing：Equipment Leaks of VOC	VV—有机合成化学品制造：设备的 VOC 泄漏
10	WW—Beverage Can Surface Coating Industry	WW—饮料罐表面涂装业
11	XX—Bulk Gasoline Terminals	XX—散装汽油终端
12	AAA—Residential Wood Heaters	AAA—住宅木材加热器
13	BBB—Rubber Tires	BBB—橡胶轮胎
14	DDD—VOC Emissions from Polymer Manufacturing Industry	DDD—高分子制造业 VOC 排放
15	FFF—Flexible Vinyl & Urethane Coating & Printing	FFF—柔性乙烯基和聚氨酯涂料和印刷
16	GGG—Equipment Leaks of VOC in Petroleum Refineries	GGG—石油炼厂设备 VOC 泄漏
17	HHH—Synthetic Fiber Production	HHH—合成纤维的生产
18	III—VOC Emissions from the Synthetic Organic Chemical Manufacturing Industry Air Oxidation Unit Processes	III—有机合成化学品制造业空气氧化单元 VOC 排放
19	JJJ—Petroleum Dry Cleaners	JJJ—石油干洗店
20	KKK—Equipment Leaks of VOC from Onshore Natural Gas Processing Plants	KKK—陆上天然气加工厂设备 VOC 泄漏
21	NNN—VOC Emissions from the Synthetic Organic Chemical Manufacturing Industry Distillation Operations	NNN—有机合成化学品制造业蒸馏单元 VOC 排放
22	QQQ—VOC Emissions from Petroleum Refinery Wastewater Systems	QQQ—炼油废水系统 VOC 排放
23	RRR—VOC Emissions from Synthetic Organic Chemistry Manufacturing Industry（SOCMI）Reactor Processes	RRR—有机合成化学制造业（SOCMI）反应器工艺 VOC 排放
24	SSS—Magnetic Tape Industry	SSS—磁带业
25	TTT—Plastic Parts for Business Machine Coatings	TTT—塑料零件商用机器涂料
26	VVV—Polymeric Coating of Supporting Substrates	VVV—聚合物涂层配套基质
27	WWW—Municipal Solid Waste Landfills	WWW—城市固体废物填埋场
28	JJJJ—Standards of Performance for Stationary Spark Ignition Internal Combustion Engines	JJJJ—固定式火花点火内燃发动机的标准
29	KKKK—Standards of Performance for Stationary Combustion Turbines	KKKK—固定燃烧涡轮机标准
30	OOOO—Standards of Performance for Crude Oil and Natural Gas Production，Transmission and Distribution	OOOO—原油和天然气生产、传输和分配标准

1.2.3 有毒有害大气污染物排放标准

有毒有害大气污染物排放标准也可分为行业标准和通用标准。行业标准主要涉及装饰电镀业、合成有机化工制造业、铅冶炼业、纸浆造纸业、卤化溶剂清洗业、成品油销售业、焦炉电池行业等，其中规模总量较大、环境污染更为严重的行业，例如，合成有机化工制造业、纸浆造纸业和成品油销售业等行业标准比其他行业标准更为详细和具体。通用标准主要针对重点行业的重点环节，按照各类重点环节的特点，对存储设备、设备泄漏、原料运输等分别设定了相应标准。

1.2.4 标准内容说明

美国大气污染物排放标准内容具体，具有较强的操作性。无论是新建固定污染源实施标准还是有毒有害大气污染物排放标准，一般包括以下几个方面的内容：

①适用范围。指明标准的管辖范围，即哪些设施要执行该标准。

②定义。对标准中涉及的名词术语的解释说明。

③标准要求。文件的核心内容，分为排放限值标准和运行操作标准两种形式，无论是哪种形式都具有同样的法律约束力。

④监测要求。大部分标准都对污染源连续监测系统的安装、运行、维护进行了详细的规定，并要求任何监测系统的中断或故障应当立即进行修理或校正。

⑤达标测试方法。为了判断污染源排放的污染物是否符合标准要求，每个排放标准都规定了进行达标测试的具体方法、程序和期限。

⑥报告和记录要求。规定企业建立污染台账的形式和内容，以及企业向管理部门报告的时间、形式和内容。

⑦权力规定。规定了国家和地方在标准执行过程中的权力。

1.2.5 标准特点分析

①将常规污染物和有毒有害大气污染物区别对待。常规污染物的新源，由 USEPA 统一制定标准；现源则由各州分别制定标准。有毒有害大气污染物不分新源和现源，统一由 USEPA 制定标准。常规污染物和有毒有害大气污染物的排放标准均体现出新源严于现源。

②针对行业或污染源的特点制定标准。美国以技术为依据，根据各个行业和各类污染源的具体特点分别制定了详细的标准。标准中详细规定了适用范围、相关名词术语定义、标准要求、监测要求、报告和记录要求等，保证了标准的针对性和科学性。

③标准要求包括排放限值标准和运行操作标准两种形式。大多数行业标准均根据行业特点对物质的排放浓度或强度进行规定，如新建源实施标准中的散装汽油中转站标准，

规定了总有机碳（TOC）的排放强度不得超过 35 mgTOC/L 装载汽油。对于无组织排放和难以监测的有组织排放，则通过设计、设备、操作或运行等方面从原料的选用、厂址选择、储罐选型、末端治理技术等角度要求进行控制。例如，新建源实施标准中的石油容器储存标准，规定若石油液体的储存蒸汽压大于或等于 78 mmHg[①]并小于 570 mmHg，则应采用浮顶罐或安装油气回收系统或等效措施；又如，有毒有害大气污染物排放标准中的合成有机化工行业标准，要求对相关存储容器采用油气回收系统和火炬燃烧进行末端控制，并禁止卤代物质排放。

④针对生产过程可能涉及的各项污染物（包括 SO_2、颗粒物、VOCs 等）进行管理，在现有科学理论、监测技术和污染防治技术的基础上，可基本满足对各项污染物的控制要求。

⑤重视建立污染物控制的台账记录。美国的各类标准中均要求企业针对环保设施运行、污染物排放、日常检查和维护建立台账，对需要记录的内容和形式进行了规定，同时还要求企业定期向环境管理部门报告相关情况。

1.2.6 VOCs 控制效果分析

美国大气污染物排放标准体系中，涉及 VOCs 排放控制的诸多行业（如炼油、石化、精细化工、油品储运、制药、表面涂装、出版印刷、铸造、服装干洗等）均分别制定了相关排放标准。涉及 VOCs 的不同排放环节，如工艺排气、设备泄漏、废水挥发、储罐、装载操作等，美国也分别规定了排放标准。通过不断完善控制手段，经过几十年的治理，美国 VOCs 排放总量呈下降趋势，从 1970 年的 3 143.57 万 t 下降为 2021 年的 1 220.43 万 t，下降了 60%以上（见图 1-2）。

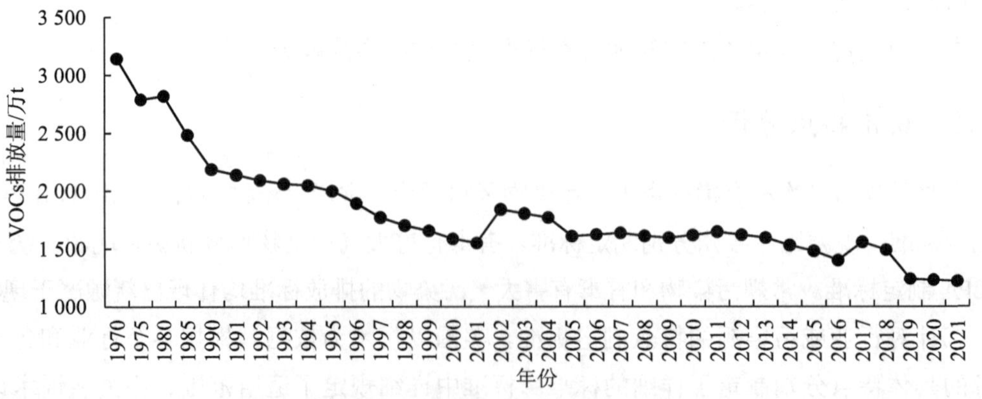

图 1-2 美国 VOCs 排放量变化趋势

① 1 mmHg=20 265/152 Pa≈133.32 Pa。

根据 USEPA 1980—2021 年 500～1 000 个观测点监测数据统计得出臭氧一年中的第 4 个最大 8 h 浓度值的环境空气质量变化趋势如图 1-3 所示，图中阴影区域所示的是空气污染值中间 80%的水平趋势分布，中间的折线代表了所有监测站的平均浓度值。可以看出，美国 1980—2021 年环境空气中第 4 个最大 8 h 臭氧浓度值下降了 29%。

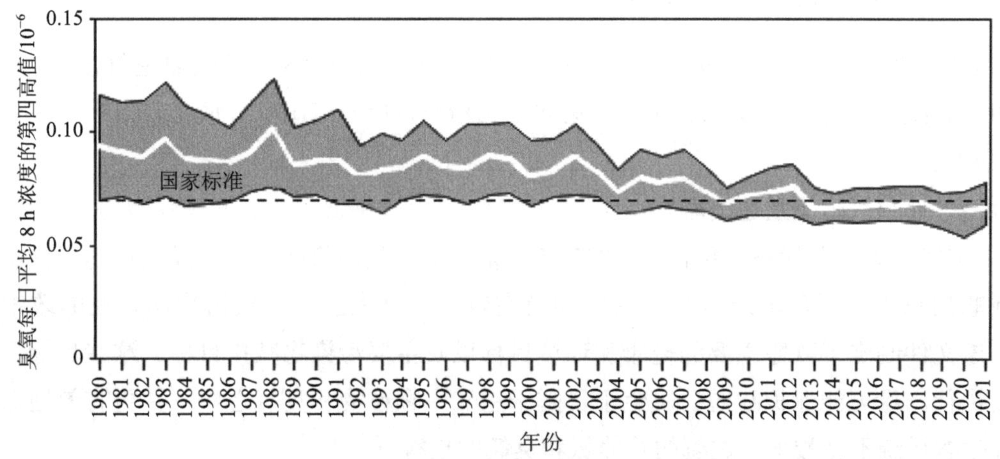

图 1-3　1980—2021 年美国臭氧空气质量变化趋势

注：根据 135 个地区绘制的美国变化趋势。

根据 USEPA 2000—2021 年 375 个观测点的监测数据统计得出的 $PM_{2.5}$ 季度加权年均浓度的环境空气质量变化趋势如图 1-4 所示，图中阴影区域所示的是空气污染值中间 80%的水平趋势分布，中间的折线代表了所有监测站的平均浓度值。由图 1-4 可知，2000—2021 年美国环境空气中 $PM_{2.5}$ 浓度总体稳定下降，2021 年 $PM_{2.5}$ 年均浓度比 2000 年下降了 37%。

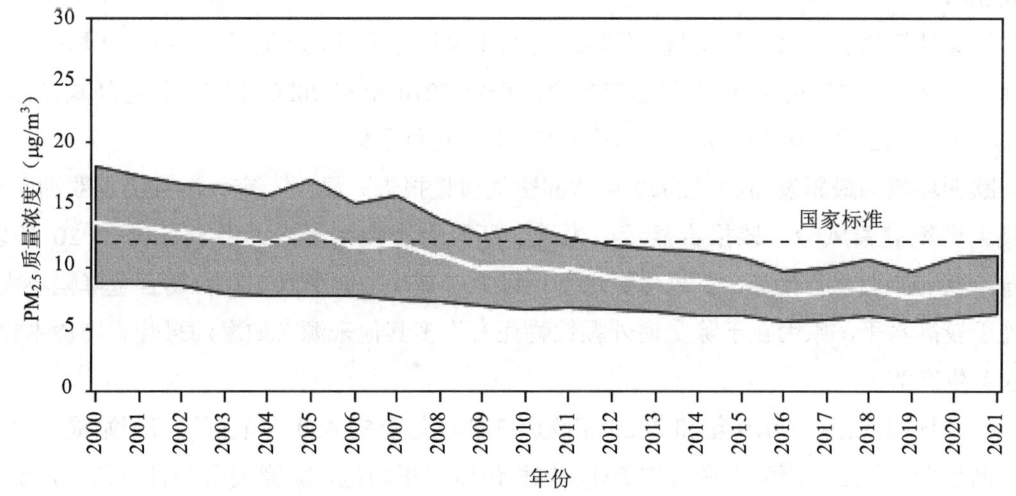

图 1-4　2000—2021 年美国 $PM_{2.5}$ 空气质量变化趋势

注：根据 375 个观测点绘制的美国变化趋势。

1.3 欧盟挥发性有机物污染管控体系简述

1.3.1 欧盟空气污染控制政策简介

欧盟的空气污染控制政策主要包括《空气污染主题战略》，《欧盟空气质量指令》（2008/50/EC）及第一、第二、第三、第四二级指令，以及《国家排放上限指令》（NED，2001/81/EC）。

1.3.1.1 《空气污染主题战略》

《空气污染主题战略》包含了 2020 年以前欧盟空气污染防治目标及治理建议措施，该战略的重点是对环境最有害的污染物及在较大程度上影响空气污染的行业的政策制定。该文件制定了欧盟主要的健康和环境目标以及主要污染物减排目标。这些目标将按阶段执行，尽可能保护欧盟公民免于暴露于空气中颗粒物和臭氧之中，并更有效地保护欧洲生态系统不受酸雨、过剩的营养氮和臭氧的损害。

以 2000 年为基准，战略制定了明确的长期目标（2020 年）：①将因暴露于颗粒物浓度过高环境中而引起人和动物预期寿命的损失减少 47%；②将因暴露于臭氧超标环境中而引起的急性死亡减少 10%；③森林地区和表面淡水区域多余的酸沉降分别减少 74%和 39%；④暴露于富营养化的地区或生态系统减少 43%。

为实现这些目标，与 2000 年相比，SO_2 的排放量需要降低 82%，NO_x 排放量需要降低 60%，VOCs 排放量需要降低 51%，NH_3 排放量需要降低 27%，一次 $PM_{2.5}$ 排放量需要降低 59%。

该文件简化了空气质量法规，并将之前的相关指令合并。增加了 $PM_{2.5}$ 的环境空气质量标准，并设置 25 μg/m^3 作为其标准限值，设定 2010 年和 2020 年间的临时削减目标为 20%。该文件还对《国家排放上限指令》（NED）进行了修订。

欧洲环境局最新发布的《2020 年欧洲空气质量报告》显示，空气污染仍是欧洲面临的最大环境健康风险。该报告显示，为遏制新冠肺炎疫情蔓延，欧洲各国 2020 年以来普遍实施“封城”措施，二氧化氮水平得以大幅减少，但空气中颗粒物含量降幅不大，仍处于较高水平，原因在于除交通外颗粒物还有许多其他来源（如燃油采暖、燃烧木材、工农业生产等）。

欧洲环境局根据 2019 年和 2020 年欧洲 323 座城市的 400 多个空气监测站提交的地面监测数据，得出每座城市空气中 $PM_{2.5}$ 体积浓度年平均值。欧盟委员会官员认为，欧洲的空气污染很大程度上与城市里众多老式柴油车排放的汽车尾气有关。联合国针对奥地利、法国、瑞士 3 个国家空气污染对人体健康影响的一项评估表明，3 个国家受汽车尾气危害而死亡的人数大于死于交通事故的人数。由于长期生活在被汽车尾气污染的空气中，上述 3 个国家每年有超过 2.1 万 30 岁以上成年人因呼吸系统或心血管疾病死亡。相比之下，上述 3 个国家每年死于交通事故的人数为 9 000 多人。受汽车尾气污染影响，3 个国家每年有超过 30 万儿童患支气管炎，39.5 万成人和 16.2 万儿童患有哮喘。

为解决空气污染问题，2014 年欧盟委员会提出新清洁空气政策方案建议，成员国应在 2030 年前进一步削减空气污染物排放量。根据该方案，到 2030 年欧盟范围内主要污染物排放量将在 2005 年的基础上进一步减少，其中二氧化硫减少 81%，氮氧化物减少 69%，细颗粒物减少 51%，甲烷减少 33%。

奥地利科学院清洁空气委员会成员马库斯·阿曼表示，要提高欧洲城市的空气质量，需要欧洲各国间协调合作。他认为，在现有法规下，欧盟实现了在机动车和工业领域部分减排。为进一步减少大气中细颗粒物含量，欧盟还应在家用采暖和农业领域采取更多减排措施。

1.3.1.2 《欧盟空气质量指令》

《欧盟空气质量指令》（2008/50/EC）在不改变现有空气质量目标的前提下将大多数现有的法律合并成一个单一的指令。第一个二级指令（1999/30/EC）对环境空气中的二氧化硫、二氧化氮、氮氧化物、颗粒物和铅的限值进行了规定。该指令描述了评价和管理上述污染物所需的限值和报警阈值并确定了 $PM_{2.5}$ 的监测要求。第二个二级指令（2000/69/EC）对环境空气中苯和一氧化碳的排放限值进行了规定，明确了关于评价和管理空气中的苯和一氧化碳的数值标准。第三个二级指令（2002/3/EC）对环境空气中的臭氧进行了规定，明确臭氧是碳氢化合物和氮氧化物在阳光照射下形成的二次污染物，确定了空气中臭氧浓度的目标值和长期目标，同时对挥发性有机物和氮氧化物的相关监测要求进行了规定。第四个二级指令（2004/107/EC）对环境空气中的砷、镉、汞、镍和多环芳烃进行了相关规定，完成了《空气质量框架指令》列表中最初列出的污染物。明确了除汞之外所有列出的污染物的目标值，其中多环芳烃以苯并[*a*]芘计。

欧盟委员会于 2013 年 12 月通过了一系列清洁空气政策，包括有效期截止到 2030 年的欧洲新的空气质量目标和新的清洁空气计划、《国家排放上限指令》以及减少中型燃烧设备污染的新指令建议。涉及的污染物种类包括细颗粒物（$PM_{2.5}$）、二氧化硫（SO_2）、二氧化氮（NO_2）、可吸入颗粒物（PM_{10}）、铅（Pb）、一氧化碳（CO）、臭氧（O_3）、砷（As）、镉（Cd）、镍（Ni）、多环芳烃和苯。

1.3.2 欧盟总量控制政策概况

考虑大气污染物会导致跨界污染，联合国欧洲经济委员会于 1979 年签署了《远距离跨界空气污染公约》，作为该公约的延伸，该委员会随后又签订了 8 个议定书，按时间顺序分别对二氧化硫、颗粒物、氮氧化物、挥发性有机物、持久性有机污染物及重金属等进行排放控制或削减。VOCs 作为常规污染物进行管控，总量控制是其根本的管控政策。

2001 年欧洲议会和欧盟理事会制定并颁布了《国家排放上限指令》（2001/81/EC），对 SO_2、NO_x、VOCs、NH_3 4 种大气污染物的排放进行了总量控制，以 2010 年和 2020 年作为基准年，提出了各成员国关于上述 4 种污染物排放量上限控制的指标，并将其分配到 27 个成员国（EU27）。

欧盟认为大型工业装置排放量占总排放量比重较高，对环境产生了重要影响，主要从《工业排放指令》（IED，2010/75/EU）、《大型燃烧装置指令》（2001/80/EC）、《汽油储存和销售指令》（1994/63/EC 和 2009/126/EC）以及欧盟污染物排放和转移登记制度（E-PRTR）4 个方面进行管控，其中《大型燃烧装置指令》（2001/80/EC）与 VOCs 管控无关。

IED 主要原则是许可证制度，通过综合途径和应用最佳可行技术（BAT）来控制工业排放。在综合考虑费用和效益的情况下，BAT 是实现高水平环保的最有效的技术。

2014 年 1 月 7 日，IED 正式颁布并取代了《污染物综合和预防指令》（2008/1/EC）、《废物焚烧指令》（2000/76/EC）、《溶剂使用指令》（1999/13/EC）和与二氧化钛生产相关的指令（78/176/EEC、82/883/EEC 和 92/112/EEC）。

本质上，IED 是《综合污染预防控制指令》（IPPC）的延续，它是关于欧盟境内污染源污染物排放最小化的要求。运营商需要获得欧盟国家当局的综合许可。大约有 50 000 个装置被 IPPC 覆盖，而 IED 覆盖范围更广。IED 是基于综合指标、BAT、灵活性、检查、公众参与等原则制定的。目的在于保证整体环境保护处于较高水平，考虑工厂的整个环境绩效，如包含排放到大气、水和土壤中的污染物，废物产生，原料使用，能源效率，噪声，事故预防和工厂关闭后的复原。

许可状况必须包含基于 BAT 的排放限值（ELVs）。BAT 的结论（包含相关的排放水平最佳的技术信息的文档）应该作为设置许可状况的参考。此外，可以通过颁发许可的机关在特定情况下设置较为宽松的排放限值。

IED 包含了环境监测的强制要求。成员国应该设立一个环境监测系统并且制订相应的监测计划。基于风险的标准，IED 要求每个成员国应每 1～3 年更新一次监测计划。

1.3.3 欧盟 VOCs 排放控制技术体系框架

欧盟具有完整的污染物（含 VOCs）排放控制技术体系，包括环境技术指导性文件体系、环境技术评价制度以及环境技术示范推广机制（见图 1-5）。

在欧盟的污染物排放控制技术体系中，BAT 是核心工具和技术手段。通过污染防治技术的筛选，污染防治技术政策的制定，环境技术的验证与推广机制，进一步夯实了 BAT 的基础。

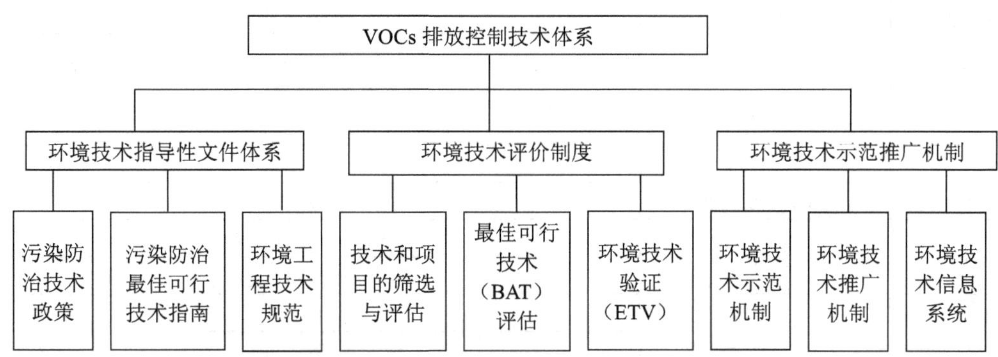

图 1-5 欧盟污染物（含 VOCs）排放控制技术体系框架

BAT 的具体内容：有别于我国传统的末端治理模式，BAT 描述了各类工业生产工艺存在的环境问题，污染物产生环节、产生原因以及控制措施，除给出一般控制措施外，特别给出了在目前条件下根据不同工艺的可行控制技术，并且给出通过应用这种技术可能达到的污染物排放量和资源消耗量水平，体现了经济上、技术上可行的全过程控制理念。

数据是通过调查企业实际情况得到的，代表了 BAT 实施后能够达到的污染排放水平，是制订排放限值的依据。BAT 参考文件（BREFs）不对综合污染预防与治理规章进行解释，也不规定技术或者企业、行业排放限值，它是一份基础性的技术文件；排放限值与 BAT 技术排放值之间的差值是由经济、社会的发展水平等因素决定的。

BAT 文件中涉及 VOCs 控制的行业：目前，欧盟需要施行最佳可行技术的工业行业共 6 大类 33 小类，已通过的 BAT 参考文件（BREFs）有 33 个。其中 22 个行业涉及了 VOCs 的管控，具体详见表 1-2。

表 1-2 欧盟最佳可行技术（BAT）中涉及 VOCs 的行业

序号	大类行业	小类行业
1	能源行业	石油和天然气精制
		炼焦
		超过 50 MW 的燃烧装置
		煤气化和煤液化工厂
2	金属加工	钢铁行业
		有色金属炼制
		金属矿（包括硫化矿）焙烧或烧结
		铁合金加工
		有色金属炼制
		金属和塑料表面处理

序号	大类行业	小类行业
3	化学工业	无机化工
		基础有机化工
		制药工程
		农药工业
4	危险废物管理	垃圾焚烧
5	矿业	陶瓷、砖瓦工业
		有机玻璃工业
6	其他工业行业	表面涂装
		皮革工业
		石墨生产工业
		制浆造纸工业
		纺织工业

BAT 是在生产发展中逐渐形成的，是对企业的运行最有效、最先进的污染物治理技术，具有实际适应性，并为制定排放限值提供了基本技术依据，可减少污染排放及其对环境的整体影响。“技术”包括装置设计、建造、运行、维护和报废退役的技术和方法。

“可行技术”是指在经济和技术可行条件下，可在相关工业部门实施应用，具有成本和技术优势的技术，这些技术只要是经营者均可合理地获得。“最佳”是指最有效地实现整体高水平的环境保护。确定最佳可行技术时的注意事项：不仅考虑一般或特定情况，也要衡量技术的成本、收益以及防范、预防的原则，同时也会随着时间而改变，尤其是根据技术的发展和进步，主管部门需要监督并通报这方面的进展情况。

欧盟建立了相对完整的环境空气质量管理体系及较为严格的空气质量标准，固定源管控主要针对大型工业装置，通过综合途径和应用最佳可行技术（BAT）来控制工业排放。移动源管控包括道路车辆、船舶、非道路移动源及其燃油质量。

1.3.4 欧盟 VOCs 管控效果分析

1990—2017 年欧盟的非甲烷挥发性有机物（NMVOCs）排放量显著下降。2016 年，NMVOCs 排放量比 1990 年降低了 61%，同为臭氧生成主控因子之一的 NO_x 下降了 58%。1990 年以来，公路运输部门的 CO 和 NMVOCs 排放量呈现下降趋势；1992 年以来，NO_x 排放量也持续降低。公路运输部门主要通过立法措施实现这一目标，要求减少汽车废气排放。

欧盟人为源排放的主要空气污染物包括氨、非甲烷挥发性有机物、氮氧化物、细颗粒物和硫氧化物，是欧洲空气污染物的主要来源，对人类健康、植被和生态系统造成破坏性影响。为了解决这个问题，并满足欧盟在《远距离越界空气污染公约》（LRTAP 公约）哥德堡议定书下的义务，欧盟颁布《国家减排承诺指令》（NECD），旨在减少这些污染物的排放。根据数据统计，2005—2019 年，在 GDP 增长了约 20%的情况下，欧盟 NH_3、CH_4、PM_{10}、$PM_{2.5}$、NMVOCs、CO、NO_x、BC 和 SO_2 排放趋势均出现了不同程度的下降，降幅在 10%～80%，其中 SO_2 下降最多，约为 80%。

欧盟非甲烷挥发性有机物的主要来源为工业生产、农业源、能源消耗、移动源及生活源。欧盟涉及挥发性有机物排放的行业与美国类似，如图 1-6 所示，2005—2019 年，欧盟非甲烷挥发性有机物和 $PM_{2.5}$ 的排放量共减少了 29%。排放量下降的主要原因是能源、工业和运输部门排放量的减少，部分原因是其他欧盟立法（如《工业排放指令》《大型燃烧装置指令》和欧洲标准）设定的特定行业及车辆的排放限值。

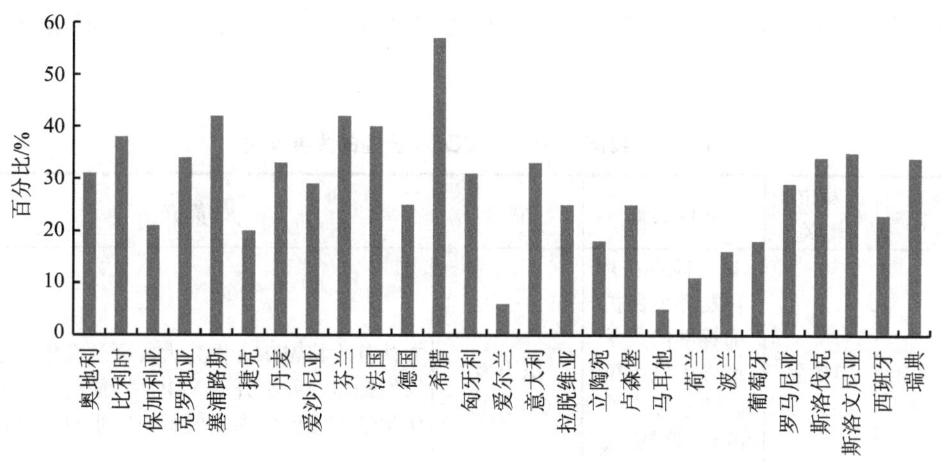

图 1-6 2005—2019 年欧盟成员国主要空气污染物减排量

欧盟是因为光化学活性而管控 VOCs 的，但由于对 VOCs 光化学活性的理解不够深入，以及总量控制思路的影响，欧盟并没有将 VOCs 作为一类特殊的污染物进行管控，从而影响了最终的管控效果。虽然在主要环节进行了长时间的减排工作，但是臭氧浓度没有明显降低，很多地区甚至仍然存在超标现象，而 $PM_{2.5}$ 的环境浓度不降反升，值得深思。

同时，由于对 VOCs 的光化学活性认识不足，欧盟也没有发展出有效的有毒有害大气污染物管控体系，这与美国相比，也是严重滞后的。

1.4 我国挥发性有机物管控政策情况

近年来，随着经济的迅速发展，由于工业、居民生活等排放的 VOCs 人为源总量逐年增加，导致光化学烟雾、城市灰霾等复合型大气污染问题日益严重，有效控制 VOCs 已成为现阶段及今后相当长一段时间内我国大气环境治理领域中的热点问题。为此，国家和地方相继出台了一系列的法规、标准、政策，强化对 VOCs 的管控。

1.4.1 国家层面

由于我国长期以来主要为煤烟型污染，大气污染物控制对象主要为 SO_2、NO_x、颗粒物等，对于管控 VOCs 还存在底数不清、控制技术及管理基础薄弱等问题，相比其他发达国家或地区，我国 VOCs 的管控起步较晚，但近几年国家层面密集出台了诸多文件及标准，体现出国家管控 VOCs 的决心。标准分为通用排放标准、行业排放标准及产品质量限值标准。其中，通用排放标准包括大气综合排放标准、恶臭污染物排放标准及挥发性有机物无组织排放控制标准。从整体来看，国家层面对 VOCs 实施重点管控始于 2010 年，“十二五”期间不断摸索，“十三五”期间不断完善，“十四五”期间加快解决落地问题（见表 1-3 和表 1-4）。

表 1-3　我国出台涉及 VOCs 管控的主要文件

序号	发布时间	发布机关	文件名称	文号	简介
1	2010 年 5 月	国务院办公厅	《国务院办公厅转发环境保护部等部门关于推进大气污染联防联控工作改善区域空气质量指导意见的通知》	国办发〔2010〕33 号	文件首次将 VOCs 作为大气联防联控的重点污染物提出，要求开展 VOCs 污染防治，并将光化学烟雾污染作为需要解决的重点问题提出
2	2011 年 12 月	国务院	《国家环境保护“十二五”规划》	国发〔2011〕42 号	加强挥发性有机污染物和有毒废气控制。加强石化行业生产、输送和存储过程挥发性有机污染物排放控制。鼓励使用水性、低毒或低挥发性的有机溶剂，推进精细化工行业有机废气污染治理，加强有机废气回收利用。实施加油站、油库和油罐车的油气回收综合治理工程。开展挥发性有机污染物和有毒废气监测，完善重点行业污染物排放标准
3	2012 年 10 月	环境保护部、国家发展和改革委员会、财政部	《重点区域大气污染防治“十二五”规划》	环发〔2012〕130 号	该文件是我国首部大气污染防治的综合性规划，综合分析空气质量改善存在的问题，并提出对策建议。文件提出我国 VOCs 控制薄弱，未纳入环境统计管理体系、底数不清，缺少 VOCs 排放标准体系。文件提出到 2015 年 VOCs 污染防治工作全面开展，提出“十二五”期间重点区域 VOCs 排放削减比例，排放 VOCs 的项目实现排放减量替代，并把 VOCs 控制作为建设项目环评的重要内容，开展 VOCs 摸底调查并完善重点行业 VOCs 排放控制要求和政策体系，完善 VOCs 排污收费政策

序号	发布时间	发布机关	文件名称	文号	简介
4	2013年5月	环境保护部	《挥发性有机物（VOCs）污染防治技术政策》	公告2013年第31号	该技术政策为指导性文件，包括对生产VOCs物料和含VOCs产品的生产、储存、运输、销售、使用、消费等各环节的污染防治策略和方法，并提出源头和过程控制与末端治理相结合的综合防治原则
5	2013年9月	国务院	《大气污染防治行动计划》	国发〔2013〕37号	文件对各类排放源全面提出了减排任务要求，是5年内大气污染防治的纲领性文件。提出在石化、有机化工、表面涂装、包装印刷等行业实施挥发性有机物综合整治，在石化行业开展“泄漏检测与修复”技术改造。限时完成加油站、储油库、油罐车的油气回收治理，在原油成品油码头积极开展油气回收治理。完善涂料、胶粘剂等产品挥发性有机物限值标准，推广使用水性涂料，鼓励生产、销售和使用低毒、低挥发性有机溶剂。推进非有机溶剂型涂料和农药等产品创新，减少生产和使用过程中挥发性有机物排放。将挥发性有机物排放是否符合总量控制要求作为建设项目环境影响评价审批的前置条件。将挥发性有机物纳入排污费征收范围
6	2014年3月	环境保护部办公厅	《关于落实大气污染防治行动计划严格环境影响评价准入的通知》	环办〔2014〕30号	从严格环境影响评价准入，促进环境空气质量改善的角度出发。文件提出排放挥发性有机污染物的项目，必须落实相关污染物总量减排方案，上一年度环境空气质量相关污染物年平均浓度不达标的城市，应进行倍量削减替代。石化、有机化工、表面涂装、包装印刷、原油成品油码头、储油库、加油站项目，必须采取严格的挥发性有机物排放控制措施
7	2014年8月	环境保护部	《大气挥发性有机物源排放清单编制技术指南（试行）》	公告2014年第55号	文件主要用于指导城市及区域开展大气VOCs排放清单编制，文件中提出的核算方法主要是排放系数，相对来说对溶剂使用等相对简单的排放源适用性较强，但对于石化行业等生产工艺复杂的排放源则有一定偏差。但文件的发布有助于摸清区域或全国整体VOCs排放情况
8	2015年6月	财政部、国家发展和改革委员会、环境保护部	《挥发性有机物排污收费试点办法》	财税〔2015〕71号	该文件以石油化工行业和包装印刷行业为试点，首次提出VOCs的排污费征收、使用和管理要求，成为国家层面控制VOCs的主要经济手段

序号	发布时间	发布机关	文件名称	文号	简介
9	2015 年 7 月	环境保护部、国家发展和改革委员会	《关于贯彻实施国家主体功能区环境政策的若干意见》	环发〔2015〕92 号	文件仅提出了“珠江三角洲地区推进二氧化硫、氮氧化物、颗粒物和挥发性有机物等多种污染物协同减排，强化区域大气污染联防联控”，并未提出更详细的内容
10	2015 年 8 月	中华人民共和国全国人民代表大会	《中华人民共和国大气污染防治法》	中华人民共和国主席令第三十一号	法律首次将 VOCs 纳入管控目标，从生产、销售、使用等环节对 VOCs 提出了管理要求，并提出生产、销售、进口 VOCs 含量不符合质量标准或要求的原材料和产品，以及产生 VOCs 废气的生产和服务活动等违法情形和处罚规定
11	2015 年 11 月	环境保护部办公厅	《石化行业 VOCs 污染源排查工作指南》《石化企业泄漏检测与修复工作指南》	环办〔2015〕104 号	排查工作指南以污染源归类解析的思想，将石化企业 VOCs 排放源分成 12 类，并给出排查的基本流程、各源项的不同计算方法，企业开展工作越详细、获取信息越多，核算结果越接近实际情况；泄漏检测与修复（LDAR）工作指南规定了石化企业开展LDAR工作的基本工作方法，各类密封点的检测位置、检测方法、仪器要求、质量控制等。两个文件虽非强制性推行，但对促进企业实现全过程精细化管理具有一定的指导作用
12	2016 年 2 月	环境保护部办公厅	《关于规划环境影响评价加强空间管制、总量管控和环境准入的指导意见（试行）》	环办环评〔2016〕14 号	在规划环评层面关注 VOCs 作为总量管控的主要污染物
13	2016 年 3 月	中华人民共和国全国人民代表大会	《中华人民共和国国民经济和社会发展第十三个五年规划纲要》	—	在重点区域、重点行业推进挥发性有机物排放总量控制，全国排放总量下降 10%以上。国家首次将 VOCs 管控纳入国家发展规划
14	2016 年 4 月	环境保护部	《关于积极发挥环境保护作用促进供给侧结构性改革的指导意见》	环大气〔2016〕45 号	供给侧改革是我国产业结构调整的重要手段，文件提出组织开展 VOCs 治理等领域先进适用技术的经验交流和试点示范；研究增加排污收费种类，推动对挥发性有机物和施工扬尘等征收排污费。文件的发布对当时 VOCs 排污费征收起到了推动作用，同时对今后一段时间开展 VOCs 治理试点提供了政策依据

序号	发布时间	发布机关	文件名称	文号	简介
15	2016年7月	工业和信息化部、财政部	《重点行业挥发性有机物削减行动计划》	工信部联节〔2016〕217号	该文件认为工业VOCs排放占总排放量的50%以上，其中石油炼制与石油化工、涂料、油墨、胶粘剂、农药、汽车、包装印刷、橡胶制品、合成革、家具、制鞋等行业VOCs排放量占工业排放总量的80%以上。文件提出到2018年工业行业VOCs排放量比2015年削减330万t以上，并提出农药、涂料、胶粘剂、油墨行业实施原料替代，石油炼制与石油化工、橡胶制品、包装印刷、制鞋、合成革、家具、汽车行业实施工艺技术改造
16	2016年11月	国务院	《“十三五”生态环境保护规划》	国发〔2016〕65号	该文件是我国“十三五”期间生态环境保护的顶层设计，对重点地区重点行业提出排放和总量控制要求，将挥发性有机物综合治理纳入环境治理保护重点工程。文件提出全国排放总量下降10%以上；完善挥发性有机物排放标准体系，全面启动挥发性有机物污染防治，长三角地区全面推进炼油、石化、工业涂装、印刷等行业挥发性有机物综合整治；珠三角地区重点推进石化、化工、油品储运销、汽车制造、船舶制造（维修）、集装箱制造、印刷、家具制造、制鞋等行业开展挥发性有机物综合整治
17	2016年12月	国务院	《“十三五”节能减排综合工作方案》	国发〔2016〕74号	提出全国挥发性有机物排放总量比2015年下降10%以上。在重点行业、重点区域推进挥发性有机物排放总量控制。以削减挥发性有机物、持久性有机物、重金属等污染物为重点，实施重点行业、重点领域工业特征污染物削减计划。大力推进石化、化工、印刷、工业涂装、电子信息等行业挥发性有机物综合治理。出台涂料、油墨、胶粘剂、清洗剂等有机溶剂产品挥发性有机物含量限值强制性环保标准，控制集装箱、汽车、船舶制造等重点行业挥发性有机物排放。修订《储油库大气污染物排放标准》《加油站大气污染物排放标准》，推进储油储气库、加油加气站、原油成品油码头、原油成品油运输船舶和油罐车、气罐车等油气回收治理工作。实施石化、化工、工业涂装、包装印刷等重点行业挥发性有机物治理工程，到2020年石化企业基本完成挥发性有机物治理。研究扩大挥发性有机物排放行业排污费征收范围

序号	发布时间	发布机关	文件名称	文号	简介
18	2017 年 9 月	环境保护部、国家发展和改革委员会、财政部、交通运输部、国家质量监督检验检疫总局、国家能源局	《"十三五"挥发性有机物污染防治工作方案》	环大气〔2017〕121 号	该文件为"十三五"期间我国 VOCs 管控的顶层设计，提出推进 VOCs 与 NO_x 协同减排，建立 VOCs 污染防治长效机制，到 2020 年排放总量下降 10%以上，规定重点地区、重点行业、重点污染物，将加大产业结构调整力度、加快实施工业源 VOCs 污染防治作为主要任务
19	2019 年 6 月	生态环境部	《重点行业挥发性有机物综合治理方案》	环大气〔2019〕53 号	该文件制定是为了深入实施《"十三五"挥发性有机物污染防治工作方案》，加强对各地工作指导，提高 VOCs 治理的科学性、针对性和有效性，协同控制温室气体排放。文件明确了形势与问题、VOCs 污染存在的主要问题、主要目标、控制思路与要求及重点行业治理任务等
20	2020 年 6 月	生态环境部	《2020 年挥发性有机物治理攻坚方案》	环大气〔2020〕33 号	为贯彻落实《打赢蓝天保卫战三年行动计划》（国发〔2018〕22 号）有关要求，确保完成"十三五"环境空气质量改善目标任务，把 VOCs 治理攻坚作为打赢蓝天保卫战收官的重要任务，统筹疫情防控、经济社会平稳健康发展，坚持精准治污、科学治污、依法治污，切实做到问题精准、时间精准、区位精准、对象精准、措施精准，方案明确了"十三五"期间各项任务措施的落实要求和保障机制
21	2021 年 8 月	生态环境部	《关于加快解决当前挥发性有机物治理突出问题的通知》	环大气〔2021〕65 号	文件在继承过去行之有效的工作基础上，加快解决当前挥发性有机物治理存在的突出问题，推动环境空气质量持续改善和"十四五"VOCs 减排目标顺利完成。明确了 10 个方面的重点突出问题、排查检查要点和治理要求

表 1-4 我国出台涉及 VOCs 管控的排放标准

序号	标准名称	标准编号
1	《恶臭污染物排放标准》	GB 14554—1993
2	《大气污染物综合排放标准》	GB 16297—1996
3	《合成革与人造革工业污染物排放标准》	GB 21902—2008
4	《橡胶制品工业污染物排放标准》	GB 27632—2011
5	《炼焦化学工业污染物排放标准》	GB 16171—2012
6	《轧钢工业大气污染物排放标准》	GB 28665—2012
7	《电池工业污染物排放标准》	GB 30484—2013
8	《石油炼制工业污染物排放标准》	GB 31570—2015
9	《石油化学工业污染物排放标准》	GB 31571—2015
10	《合成树脂工业污染物排放标准》	GB 31572—2015
11	《烧碱、聚氯乙烯工业污染物排放标准》	GB 15581—2016
12	《挥发性有机物无组织排放控制标准》	GB 37822—2019
13	《制药工业大气污染物排放标准》	GB 37823—2019
14	《涂料、油墨及胶粘剂工业大气污染物排放标准》	GB 37824—2019
15	《储油库大气污染物排放标准》	GB 20950—2020
16	《油品运输大气污染物排放标准》	GB 20951—2020
17	《加油站大气污染物排放标准》	GB 20952—2020
18	《铸造工业大气污染物排放标准》	GB 39726—2020
19	《农药制造工业大气污染物排放标准》	GB 39727—2020
20	《陆上石油天然气开采工业大气污染物排放标准》	GB 39728—2020
21	《油墨中可挥发性有机化合物（VOCs）含量的限值》	GB 38507—2020
22	《木器涂料中有害物质限量》	GB 18581—2020
23	《建筑用墙面涂料中有害物质限量》	GB 18582—2020
24	《车辆涂料中有害物质限量》	GB 24409—2020
25	《工业防护涂料中有害物质限量》	GB 30981—2020
26	《胶粘剂挥发性有机化合物限量》	GB 33372—2020
27	《清洗剂挥发性有机化合物含量限值》	GB 38508—2020

1.4.2 地方层面

随着对灰霾和臭氧关注度的不断提升，我国正式将 VOCs 的管控写入国家政策文件，各省、自治区、直辖市逐步将 VOCs 管控提上日程。通过对各省、自治区、直辖市、特别行政区及台湾地区生态环境主管部门公开的涉及 VOCs 管控的文件进行收集整理，本书共收集了重点地区的 15 个省级生态环境主管部门和台湾地区公开的 70 项行政文件（见表 1-5）。

表 1-5 我国部分省（市）和台湾地区生态环境主管部门发布的 VOCs 管控文件

序号	省份	文件名称	文号	文件类别	涉及行业
1	安徽	《安徽省挥发性有机物污染整治工作方案》	—	管理	石化、有机化工、表面涂装、包装印刷
2	北京	《北京市工业污染源挥发性有机物（VOCs）总量减排核算细则》	京环发〔2012〕305 号	核算	炼油石化、汽车制造、家具制造、包装印刷、医药制造、半导体及电子制造、汽车修理等
3	北京	《北京市环境保护局关于印发〈挥发性有机物排污费征收细则〉的通知》	京环发〔2015〕33 号	收费	石油化工、汽车制造、电子行业、印刷、家具制造
4	福建	《福建省重点行业挥发性有机物排放控制要求（试行）》	闽环保大气〔2017〕9 号	管理	石油炼制、石油化工、加油站、储油库等
5	广东	《表面涂装（汽车制造业）挥发性有机物排放标准》	DB 44/816—2010	标准	汽车
6	广东	《家具制造业挥发性有机物排放标准》	DB 44/814—2010	标准	家具制造业
7	广东	《印刷业挥发性有机物排放标准》	DB 44/815—2010	标准	印刷业
8	广东	《制鞋业挥发性有机物排放标准》	DB 44/817—2010	标准	制鞋业
9	广东	《关于珠江三角洲地区严格控制工业企业挥发性有机物（VOCs）排放的意见》	粤环〔2012〕18 号	管理	工业
10	广东	《广东省印刷行业挥发性有机化合物废气治理技术指南》	粤环〔2013〕79 号	技术	印刷业
11	广东	《广东省挥发性有机物（VOCs）整治与减排工作方案（2018—2020 年）》	粤环发〔2018〕6 号	管理	石化、化工、工业涂装、印刷、制鞋、电子制造、机动车、油品储运销
12	广东	《广东省家具制造行业挥发性有机化合物废气治理技术指南》	粤环〔2014〕116 号	技术	家具制造行业
13	广东	《广东省制鞋行业挥发性有机废气治理技术指南》	粤环〔2015〕4 号	技术	制鞋业
14	广东	《广东省表面涂装（汽车制造业）挥发性有机废气治理技术指南》	粤环〔2015〕4 号	技术	汽车制造业
15	广东	《广东省环境保护厅关于开展固定污染源挥发性有机物排放重点监管企业综合整治工作指引》	粤环函〔2016〕1054 号	管理	—
16	广东	《2017 年珠江三角洲地区臭氧污染防治专项行动实施方案》	粤环函〔2017〕1373 号	管理	重点行业

序号	省份	文件名称	文号	文件类别	涉及行业
17	广东	《广东省生态环境厅关于做好重点行业建设项目挥发性有机物总量指标管理工作的通知》	粤环发〔2019〕2号	管理	炼油与石化、化学原料和化学制品制造、化学药品原料药制造、合成纤维制造、表面涂装、印刷、制鞋、家具制造、人造板制造、电子元件制造、纺织印染、塑料制造及塑料制品等12个行业
18	河北	《青霉素类制药挥发性有机物和恶臭特征污染物排放标准》	DB 13/2208—2015	标准	制药业
19	河北	《工业企业挥发性有机物排放控制标准》	DB 13/2322—2016	标准	工业
20	河北	《关于制定石油化工及包装印刷试点行业挥发性有机物排污费征收标准的通知》	冀发改价格〔2016〕604号	收费	石油化工、包装印刷
21	河南	《河南省石化行业挥发性有机物综合治理计划》	豫环文〔2015〕67号	管理	石化行业
22	河南	《河南省环境保护厅关于扎实做好排污费征收标准调整工作和挥发性有机物收费试点工作的通知》	—	收费	石油化工、包装印刷
23	河南	《河南省2017年挥发性有机物专项治理工作方案》	豫环文〔2017〕160号	管理	石油炼制、石油化学、农药、医药和塑料制品制造、汽车制造、家具、工程机械、钢结构、卷材、包装印刷、车用油品、机动车、加油站、汽车修理、餐饮油烟、小喷涂和小化工作坊
24	黑龙江	《关于开展重点行业挥发性有机物污染源排查的通知》	黑环办〔2015〕77号	管理	石化、有机化工、表面涂装、包装印刷、医药制造
25	黑龙江	《黑龙江省石化行业挥发性有机物综合整治推进方案》	—	管理	石化行业
26	江苏	《关于建立江苏省工业企业挥发性有机物污染治理档案的通知》	—	管理	化工
27	江苏	江苏省大气污染防治联席会议办公室《关于开展挥发性有机物污染防治工作的指导意见》	苏大气办〔2012〕2号	管理	石油炼制、石油化工、有机化工、家具制造、化学品原药制造、建筑装修、餐饮油烟、干洗
28	江苏	《江苏省化工企业挥发性有机物污染整治验收办法（试行）》	—	管理	化工
29	江苏	《江苏省化学工业挥发性有机物无组织控制技术指南》	苏环办〔2016〕95号	技术	化学工业
30	江苏	《江苏省重点行业挥发性有机物排放量计算暂行办法》	苏环办〔2016〕154号	核算	石油化工、有机化工、表面涂装、包装印刷

序号	省份	文件名称	文号	文件类别	涉及行业
31	江苏	《表面涂装（汽车制造业）挥发性有机物排放标准》	DB 32/2862—2016	标准	汽车制造业
32	江西	《江西省有机化工等行业挥发性有机物综合整治方案》	赣环大气字〔2017〕54号	管理	有机化工、医药、表面涂装、塑料制品、包装印刷
33	山东	《山东省重点行业挥发性有机物综合整治方案》	—	管理	石化、有机化工、表面涂装、包装印刷
34	山东	《山东省重点行业挥发性有机物专项治理方案》	鲁环发〔2016〕162号	管理	石化、有机化工、表面涂装、包装印刷等重点行业
35	山东	《关于挥发性有机物排污收费等有关问题的通知》	鲁价费发〔2016〕47号	收费	石油化工、包装印刷
36	陕西	《关于印发陕西省重点行业挥发性有机物第一轮综合整治方案（2015—2017年）的通知》	陕环发〔2015〕90号	管理	石化、有机化工、表面涂装、包装印刷、家具制造、电子制造、餐饮服务
37	陕西	《挥发性有机物排放控制标准》	DB 61/T1061—2017	标准	汽车整车制造、印刷、木质家具制造、医药制造、电子产品制造、涂料与油墨及类似产品制造、橡胶制品制造、表面涂装
38	上海	《上海市重点化工企业（区）挥发性有机物（VOCs）控制试点工作实施方案》	沪环保总〔2011〕194号	管理	化工行业
39	上海	《关于加强本市重点行业挥发性有机物（VOCs）污染防治工作的通知》	沪环保防〔2012〕422号	管理	石化、有机化工、电子元器件制造（半导体制造等）、化学药品原药制造（生物制药等）、包装印刷、装备制造涂装（汽车制造、船舶制造等）、合成材料、塑料产品制造、电子电器产品制造、干洗、汽车修理等
40	上海	《上海市工业固定源挥发性有机物治理技术指引》	SEPB-VOCsBAT-201307-001（R1）	技术	工业
41	上海	《关于开展本市干洗行业挥发性有机物污染专项整治工作的通知》	沪环保防〔2013〕408号	管理	干洗行业
42	上海	《设备泄漏挥发性有机物排放控制技术规程（试行）》	沪环保防〔2014〕327号	技术	—
43	上海	《上海市挥发性有机物（VOCs）排污收费试点实施办法》	—	收费	石油化工、包装印刷、涂料油墨生产、汽车制造、船舶制造
44	上海	《关于开展本市重点行业挥发性有机物综合治理工作的通知》	沪环气〔2020〕41号	管理	石化化工、工业涂装、包装印刷、油品储运销

序号	省份	文件名称	文号	文件类别	涉及行业
45	上海	《上海市工业挥发性有机物减排企业污染治理项目专项扶持操作办法》	沪环保防〔2015〕325 号	管理	—
46	上海	《上海市船舶工业涂装过程挥发性有机物控制技术指南》	—	技术	船舶工业
47	上海	《上海市涂料、油墨及其类似产品制造工业挥发性有机物控制技术指南》	—	技术	制造业
48	上海	《上海市印刷业 VOCs 排放量计算方法（试行）》	—	核算	印刷业
49	上海	《上海市汽车制造业（涂装）VOCs 排放量计算方法（试行）》	—	核算	汽车制造业
50	上海	《上海市印刷业挥发性有机物控制技术指南》	—	技术	印刷业
51	上海	《上海市船舶工业 VOCs 排放量计算方法（试行）》	—	核算	船舶工业
52	上海	《上海市石化行业 VOCs 排放量计算方法（2017 年修订）》	沪环保防〔2017〕136 号	核算	石化行业
53	上海	《上海市涂料油墨制造业 VOCs 排放量计算方法（2017 年修订）》	沪环保防〔2017〕136 号	核算	涂料油墨制造业
54	上海	《上海市工业企业挥发性有机物排放量通用计算方法（试行）》	沪环保总〔2017〕70 号	核算	除已发布核算方法外的其他行业
55	上海	《上海市环境保护局关于加快推进工业挥发性有机物治理项目审核和资金补贴工作的通知》	沪环保防〔2017〕140 号	管理	—
56	四川	《四川省固定污染源大气挥发性有机物排放标准》	DB 51/2377—2017	标准	—
57	台湾	《挥发性有机物空气污染管制及排放标准》	—	标准	—
58	天津	《天津市工业企业挥发性有机物排放控制标准》	DB 12/524—2014	标准	工业
59	天津	《天津市泄漏检测与修复项目挥发性有机物排放量核算方法（暂行）》	—	核算	石油炼制和石油化学行业设备与管线
60	天津	《天津市石油化工和包装印刷行业挥发性有机物排污费征收标准实施细则（试行）》	津环保财〔2016〕177 号	收费	石油化工、包装印刷
61	天津	《市环境监察总队关于加强挥发性有机物（VOCs）排污收费工作的通知》	—	收费	—
62	浙江	《关于印发〈浙江省挥发性有机物污染整治方案〉的通知》	浙环发〔2013〕54 号	管理	—
63	浙江	《浙江省工业企业挥发性有机物泄漏检测与修复（LDAR）技术要求》	浙环办函〔2015〕113 号	技术	工业

序号	省份	文件名称	文号	文件类别	涉及行业
64	浙江	《浙江省涂装行业挥发性有机物污染整治规范》	浙环函〔2015〕402 号	技术	涂装行业
65	浙江	《浙江省印刷和包装行业挥发性有机物污染整治规范》	浙环函〔2015〕402 号	技术	印刷和包装行业
66	浙江	《浙江省化学合成类制药工业大气污染物排放标准》	DB 33/2015—2016	标准	制药行业
67	浙江	《关于做好浙江省挥发性有机物排污收费试点工作的通知》	—	收费	石油化工、包装印刷
68	浙江	《浙江省工业涂装工序挥发性有机物排放量计算暂行方法》	浙环发〔2017〕30 号	核算	工业涂装
69	浙江	《关于做好挥发性有机物总量控制工作的通知》	浙环发〔2017〕29 号	管理	石化、包装印刷、农药、医药、合成树脂、化纤、橡胶和塑料制品制造、工业涂装、合成革、制鞋、纺织印染
70	浙江	《浙江省挥发性有机物深化治理与减排工作方案（2017—2020 年）》	浙环发〔2017〕41 号	管理	石化、化工、工业涂装、包装印刷等

从整体来看，我国各省份 VOCs 的管控力度基本与各省份经济发达程度以及工业生产情况相关，长三角、珠三角、京津冀地区近几年来既是经济高速发展的区域，同时也是 $PM_{2.5}$、O_3 污染的重灾区，地方生态环境主管部门对 VOCs 的管控力度远高于全国其他地区，涉及重点行业包括石化化工、制药、工业涂装、包装印刷等。

广东省属于我国较早开展 VOCs 管控的省份，2010 年发布表面涂装业、家具制造业、制鞋业、印刷业 4 个行业的 VOCs 排放标准，标准中除排放限值要求外，还对生产工艺和管理提出了要求。近几年管控思路主要集中在各行业 VOCs 治理技术、核算等方面，并随着主要污染物由 $PM_{2.5}$ 转为臭氧，从管控政策的角度也逐渐从单纯的 VOCs 减排转移到 VOCs 与 NO_x 的协同控制。

根据各省份文件的主要管控内容进行分类，约有 38%属于管理类文件，且大部分省份均有发布，对相关行业提出开展综合整治等方面的管理要求；约有 17%为 VOCs 管控标准，针对单行业管控的通常为“排放标准”，针对工业企业或多行业的综合性标准，突出了“排放控制标准”的要求，从整体来看，VOCs 管控标准不单单通过限定排放浓度，同时还提出了工艺和管理要求；约有 18%为技术类文件，主要是浙江、上海、江苏和广东等经济发达地区，为行业 VOCs 的污染防治工作提供整治规范、治理技术指南等；其余文件主要用于行业 VOCs 排放量核算和排污收费等工作。

1.5 我国工业企业挥发性有机物管控现状及常见问题

1.5.1 我国工业企业挥发性有机物管控现状

2010 年 5 月，国务院办公厅转发《环境保护部等部门关于推进大气污染联防联控工作改善区域空气质量指导意见的通知》（国办发〔2010〕33 号），正式从国家层面将挥发性有机物（VOCs）列为重点防控大气污染物。2013 年 9 月，国务院印发《大气污染防治行动计划》，将 VOCs 排放是否符合总量控制要求作为建设项目环境影响评价审批的前置条件，并纳入排污费征收范围。2015 年修订的《中华人民共和国大气污染防治法》充分体现了从源头、过程、管理到末端的全过程精细化管理，以及对多污染物（包括 SO_2、NO_x、颗粒物、VOCs 以及氨等）与温室气体实施协同控制的管控理念。在此理念指导下，国家又先后制定和颁布了《石化行业挥发性有机物综合整治方案》、《石化行业 VOCs 污染源排查工作指南》和《石化企业泄漏检测与修复工作指南》等技术规范和指南，初步形成了石化行业 VOCs 排放量核算方法、采样检测规范以及综合管控要求，有力地支撑了石化行业 VOCs 管控体系的完善与提升。随后，相关部门积极推进 VOCs 污染管控，密集出台相关政策、标准、规范、指南等系列文件，从减排、整治、收费等方面提出要求。2018 年 1 月，财政部、国家发展改革委、环境保护部和国家海洋局联合发布《关于停征排污费等行政事业性收费有关事项的通知》（财税〔2018〕4 号），将《财政部 国家发展改革委 环境保护部关于印发〈挥发性有机物排污收费试点办法〉的通知》（财税〔2015〕71 号）同时废止。

“十三五”期间，我国环境保护工作进入新常态阶段，在大气环境方面，以细颗粒物（$PM_{2.5}$）和臭氧（O_3）为特征污染物的区域复合型污染逐渐取代了传统煤烟型污染，挥发性有机物（VOCs）、氨（NH_3）、有毒有害大气污染物（HAPs）以及持久性有机物（POPs）等对区域或流域环境的影响也日渐凸显。为落实《中华人民共和国国民经济和社会发展第十三个五年规划纲要》《“十三五”生态环境保护规划》《“十三五”节能减排综合工作方案》相关要求，2017 年 9 月，环境保护部、国家发展改革委、财政部等六部委联合印发《“十三五”挥发性有机物污染防治工作方案》，全面加强 VOCs 污染防治工作，强化重点地区、重点行业、重点污染物的减排。但相较于 20 世纪 50 年代开始 VOCs 管控的美国、欧盟等发达国家和地区，我国 VOCs 管控研究尚处于起步阶段，污染控制仍面临诸多挑战和问题。

1.5.1.1 VOCs 与常规污染物管控差异大且管控基础薄弱

与 NO_x、SO_2 等常规污染物相比，VOCs 具有来源众多、污染源项广泛、物质种类繁多、无组织排放为主、排放量核算复杂等典型特点。VOCs 排放来源包括石化、印刷、家具、汽车和船舶制造、油品及溶剂储运、电子等行业；污染源项包括设备动静密封点排放、污水收集/处理排放、循环水场排放、工艺有组织排放、工艺无组织排放、储存装卸过程排放等，其中大多数为无组织排放源；目前 USEPA 公布的 VOCs 物质为 1 500 多种/类，种类繁多；排放量核算复杂，涉及基础参数较多，如核算有机液体储存源项的排放量需统计周转量、储存温度、蒸汽压等 20 余项参数。目前，从技术装备水平、人员认知能力等方面，对 VOCs 管控基础相对薄弱，因此，VOCs 的管理控制不同于常规污染物的末端治理，须遵循全过程精细化过程管理的管控思路和理念。

1.5.1.2 标准体系不健全，监测/检测方法相对滞后

我国针对 VOCs 污染防控的标准体系尚不健全，国家和地方密集出台的相关标准覆盖面较窄且 VOCs 的表征方式不统一。目前监测/检测方法相对滞后，主要体现在：

①前处理复杂：根据 VOCs 样品的状态，前处理有顶空、吹扫捕集、热脱附和溶剂解吸等多种形式，前处理复杂，对分析结果影响较大；

②定性难度大：采用气质联用仪进行定性，对分析人员要求较高，需结合企业的具体生产及工艺情况和仪器的谱图来确定可能存在的 VOCs 物质，再进一步用标准物质进行确定；

③全组分定量难度大：在定量分析时，分析标准中给定的标准物质只有 60 种左右，标准中不包含的 VOCs 物质，其标准物质难以获取，全组分定量分析难度较大。

1.5.1.3 使用的估算方法不统一，多行业污染源项不明、各行业排放底数不清

在 2016 年全国环境保护工作会议中，环境保护部部长指出，全国 VOCs 排放量高达 3 000 多万 t。华南理工大学 2012 年研究表明，我国人为源 VOCs 排放中工业源、移动源、生活源和其他占比分别为 56%、22%、20%和 3%，其中工业源中的石化化工、表面涂装、溶剂使用和储运占比分别为 23%、21%、42%和 14%。此外，中国环境科学研究院研究数据表明，我国 VOCs 排放总量约为 2 014 万 t，其中工业过程、能源生产加工与储运、农村生物质燃烧、机动车尾气、厨房油烟、涂料使用占比分别为 27%、9%、15%、28%、5%、16%；工业过程总排放量为 548 万 t，其中化学原料及化学品生产、塑料制品生产、轮胎生产、化学原药制造、交通工具制造、纺织、皮革、制鞋、有色金属冶炼、造纸印刷和黑色金属冶炼占比分别为 14%、2%、3%、16%、3%、32%、11%、1%、1%、16%和 1%。还有研究显示，2019 年我国人为源 VOCs 排放总量高达 8 320 万 t，其中固定燃烧源是最重要的排放环节，排放占比达 26%；其次是工艺过程，排放占比为 24%；移动源和溶剂使用排放占比分别为 22%和 21%；储存和运输排放占比为 7%。由于估算方法和基础数据来源不一，各类研究估算的结果差距较大，且多个行业污染源项不明，排放底数不清。

1.5.1.4 治理技术薄弱，管理模式及思路存在不足

2013 年，环境保护部出台了“挥发性有机物（VOCs）污染防治技术政策”，提出对生产 VOCs 物料和含 VOCs 产品的生产、储存、运输、销售、使用、消费等各环节的污染防治策略和方法。其中，工业源主要包括石油炼制与石油化工、煤炭加工与转化等含 VOCs 原料的生产行业，油类（燃油、溶剂等）储存、运输和销售过程，涂料、油墨、胶粘剂、农药等以 VOCs 为原料的生产行业，涂装、印刷、黏合、工业清洗等含 VOCs 产品的使用过程。自此，重点行业的污染防治可行技术指南、废气治理工程技术规范以及吸附法和燃烧法的工程技术规范陆续出台。国家层面已出台的与末端治理技术相关的文件见表 1-6。

表 1-6 国家层面已出台的末端治理技术相关文件

序号	文件名称
	工程技术规范系列
1	《包装印刷业有机废气治理工程技术规范》（HJ 1163—2021）
2	《工业锅炉烟气治理工程技术规范》（HJ 462—2021）
3	《石油炼制工业废气治理工程技术规范》（HJ 1094—2020）
4	《陶瓷工业废气治理工程技术规范》（HJ 1092—2020）
5	《蓄热燃烧法工业有机废气治理工程技术规范》（HJ 1093—2020）
6	《铜冶炼废气治理工程技术规范》（HJ 2060—2018）
7	《铅冶炼废气治理工程技术规范》（HJ 2049—2015）
8	《吸附法工业有机废气治理工程技术规范》（HJ 2026—2013）
9	《催化燃烧法工业有机废气治理工程技术规范》（HJ 2027—2013）
	污染防治可行技术指南系列
1	《纺织工业污染防治可行技术指南》（HJ 1177—2021）
2	《涂料油墨工业污染防治可行技术指南》（HJ 1179—2021）
3	《汽车工业污染防治可行技术指南》（HJ 1181—2021）
4	《家具制造工业污染防治可行技术指南》（HJ 1180—2021）
5	《工业锅炉污染防治可行技术指南》（HJ 1178—2021）
6	《印刷工业污染防治可行技术指南》（HJ 1089—2020）
7	《陶瓷工业污染防治可行技术指南》（HJ 2304—2018）
8	《炼焦化学工业污染防治可行技术指南》（HJ 2306—2018）
	环境保护产品技术要求
1	《环境保护产品技术要求 工业有机废气催化净化装置》（HJ/T 389—2007）
2	《环境保护产品技术要求 工业废气吸附净化装置》（HJ/T 386—2007）
3	《环境保护产品技术要求 工业废气吸收净化装置》（HJ/T 387—2007）

总体而言，VOCs 污染防治遵循源头和过程控制与末端治理相结合的综合防治原则。对于末端治理与综合利用，在工业生产过程中鼓励 VOCs 的回收利用，并优先鼓励在生

产系统内回用。对于含高浓度 VOCs 的废气，宜优先采用冷凝回收、吸附回收技术进行回收利用，并辅助以其他治理技术实现达标排放。对于含中等浓度 VOCs 的废气，可采用吸附技术回收有机溶剂，或采用催化燃烧和热力焚烧技术净化后达标排放，当采用催化燃烧和热力焚烧技术进行净化时，可进行余热回收利用。对于含低浓度 VOCs 的废气，有回收价值时可采用吸附技术、吸收技术对有机溶剂回收后达标排放；不宜回收时，可采用吸附浓缩燃烧技术、生物技术、吸收等技术净化后达标排放。含有有机卤素成分 VOCs 的废气，宜采用非焚烧技术处理。

此外，严格控制 VOCs 处理过程中产生的二次污染，对于催化燃烧和热力焚烧过程中产生的含硫、氮、氯等的无机废气，以及吸附、吸收、冷凝、生物等处理过程中所产生的含有机物废水，应处理达标后排放。对于不能再生的过滤材料、吸附剂及催化剂等净化材料，应按照国家固体废物管理的相关规定处理处置。

四川、广东、浙江等省根据其省内的主要行业类别，也出台了挥发性有机物污染防治可行技术指南。VOCs 污染管理应优先选用源头控制技术，主要目标是不产生或少产生污染物，清洁原辅料、溶剂替代、设计优化等是源头控制的主要手段。我国企业 VOCs 源头控制技术的应用尚不广泛，还处于初级阶段，管理模式及思路存在不足。

1.5.2 我国工业企业挥发性有机物综合治理常见问题

1.5.2.1 企业未建立系统化管控思想

（1）企业偏重末端治理，忽视收集效率，综合管控效率核定有误

VOCs 治理综合管控效率应为收集效率、去除效率和投用效率的综合体现，是全过程精细化管理的综合性考核指标，然而目前大部分企业将 VOCs 末端治理设施“去除效率”误等同于整个系统的“综合管控效率”，如部分企业有机液体装卸挥发治理措施将去除效率当作综合管控效率，由此反映出企业忽略了收集效率和治理设施投用效率在 VOCs 核算及管控中所起到的重要作用，不仅致使排放量核算有误，而且影响企业对开展相应减排措施的判断。

此外，虽然企业 VOCs 管控思想及日常管理水平正在逐渐提高和加强，但管控思想仍偏向于末端治理，更多考虑如何避免或降低监管部门对企业的行政处罚，不利于提升企业在国际同行中的竞争力。例如，个别石化化工企业装卸源项的去除效率为 95%，而综合管控效率低于 10%，虽投入大量资本，但未起到明显改善环境质量的作用。

（2）清洁生产水平及日常管理方面有待提高

我国针对 VOCs 污染管控的相关研究处于起步阶段，部分企业存在不达标情况，大多数企业的清洁生产水平有待提高。例如，部分企业的有机液体存储未安装油气回收设施；污水收集和输送未采取密闭设施，部分设施加盖收集但气密性有待加强；个别企业

火炬气无收集系统；部分有机液体仍采用喷溅式装载；个别企业的中间产品和产品装卸逸散较多，造成厂区环境的污染。

企业在 VOCs 日常管理方面也存在一些问题。涉及 VOCs 核算及管控的主要问题为参数统计有误，如某石化企业有机液体储存中用于储存的总周转量与实际周转量相差 3 倍；未建立挥发性有机物泄漏检测与修复（LDAR）管理制度；台账机制不健全，如部分企业对引燃设施和火炬的工作状态未进行连续记录；个别企业的火炬存在长明灯熄灭的情况等。

（3）排放源项识别不够全面，且存在差异

企业已开展有组织和无组织排放气的相关基本信息的统计工作，但针对 VOCs 污染源项识别不够全面且存在认识上的差异，如炼化企业除延迟焦化以外的其他生产或操作过程中也存在无组织排放源项但未统计排放量；甲醇制烯烃的聚丙烯装置离心干燥器排放气、环氧乙烷/乙二醇装置抽真空系统液相吸收后排放气和 CO_2 排放气等部分工艺有组织排放源中的 VOCs 排放未统计；精对苯二甲酸（PTA）生产中间产品粗对苯二甲酸（CTA）装车的 VOCs 排放未统计；储罐周转量未考虑倒罐周转部分、部分溶剂储罐未纳入排放源项识别范围等。

1.5.2.2 核算方法使用存在差异

（1）行业 VOCs 核算方法初步建成

2015 年 6 月，财政部、国家发展改革委和环境保护部联合发布了《关于印发〈挥发性有机物排污收费试点办法〉的通知》（财税〔2015〕71 号），包括石油化工行业和包装印刷行业的核算方法。2015 年 11 月，环境保护部发布了《石化行业 VOCs 污染源排查工作指南》，提出我国石化行业 VOCs 污染源排查及源强核算方法，分为实测法、公式方程法、物料衡算法、工程估算法、排放系数法，沿此顺序工作量减少、准确度降低、VOCs 核算量增大，其中部分方法参考 USEPA 推出的核算方法和模型，但由于国内外工艺路线、原料或产品的理化性质存在较大差异等，部分核算方法及排放系数适用性不强，未全面进行本土化。

2017—2020 年，根据《第二次全国污染源普查方案》（国办发〔2017〕82 号）的要求，VOCs 作为一项大气污染因子首次纳入普查，普查时期资料为 2017 年度，工业源普查范围为《国民经济行业分类》（GB/T 4754—2017）中采矿业，制造业，电力、热力、燃气及水生产和供应业的 666 个小类行业的全部工业企业。第二次全国污染源普查中将工业源 VOCs 正常工况下的有组织和无组织排放归类成 10 类源项，分别为设备动静密封点泄漏、有机液体储存、有机液体装卸、固体物料堆存、燃烧烟气、循环冷却水系统、工艺有组织、工艺无组织、废水集输储存处理、有机溶剂使用排放源。其中前 6 类源项，行业工艺特性较弱，归为公共源项，跨行业开展调查，建立所需关键参数的数据库，提出公共源项的核算方法和产排污系数。后 4 类源项行业特性较强，归为非公共源项，根据“产品、原料、工艺、规模”的四同组合，提出基于产品/原料的产污系数。各行业先确定源项范围，所有源项排放之和即为总排放量。基于第二次全国污染源普查，已建立一套相对完整的我国本土化工业源 VOCs 排放量核算方法。

（2）已出台的核算方法在使用中存在差异

由于各级培训不到位及相关一线工作人员认识偏差，企业在核算参数的理解、选取、确定及使用过程中存在差异，导致其自行核算结果与已经出台的石油化工行业的核算方法存在偏差。另外，核算过程中的人为误差与系统误差无法避免，VOCs 核算过程中误差会产生、传递与累积。具体表现在：

①缺失关键油品物性参数，只能使用已发布文件中的默认值。

部分企业无相关油品的雷德蒸汽压及馏出温度，因此在计算储罐和有机液体装卸排放过程中，主要参考已发布文件中油品默认雷德蒸汽压等参数，导致核算结果与实际情况存在较大差异。以裂解石脑油储罐为例，若无相应油品参数则代入轻石脑油数据，在 17℃下的真实蒸汽压为 57.5 kPa，则相应内浮顶罐的边缘密封损失为 2.8 t/a，若按照雷德蒸汽压 43.6 kPa 及相应馏出温度代入，17℃时的真实蒸汽压为 22.9 kPa，相应内浮顶罐边缘密封损失为 0.9 t/a，两者相差 2.1 倍。油品真实蒸汽压的计算未采用储存温度，个别企业采用低于储存温度的日均液体表面温度或环境温度，致使真实蒸汽压结果偏低，核算排放量也偏低。

②缺少储罐 VOCs 排放核算的相关参数。

部分企业缺少储罐 VOCs 排放核算的相关参数，如盘缝因子、浮顶罐内壁油品附着情况、浮盘附件情况等。例如，浮顶罐油垢因子在一定程度上表现为罐壁或内浮顶罐支撑柱表面附着的有机液体厚度，并能反映出浮盘密封效果，由于已发布文件中油垢因子重锈是轻锈的 100 倍，对于某储罐，若按轻锈算 VOCs 排放量为 0.019 t/a；若按重锈计，则为 0.325 t/a，两者相差约 16 倍。

③盘缝长度因子未根据实际情况计算。

盘缝长度因子为盘缝长度与浮盘面积的比值，企业可选择已发布文件中提供的两个参考值或根据实际情况按公式法确定该系数。盘缝长度因子直接影响浮顶罐盘缝损失，对于某内浮顶罐，如果根据实际情况确定盘缝长度因子为 0.257，计算排放量为 0.348 t/a，而如果参照已发布文件中选取参数则为 4.8，计算排放量为 6.485 t/a，两者相差约 17.6 倍。

④废水源项和循环水源项未采用排查指南中系数。

已发布文件规定废水收集系统排放系数为 0.6 kg/m^3，部分企业选择非国家发布文件中的 0.032 kg/m^3，核算结果相差十余倍。部分企业用于核算循环水源项排放量的排放系数不足已发布文件中排放系数的 10%。

⑤LDAR 台账未建立或存在问题。

石化企业依据《石化企业泄漏检测与修复工作指南》（以下简称《指南》）开展 LDAR 工作，但存在个别企业尚未建立 LDAR 台账，核算采用的企业初步统计的密封点类型不全面、数量不足，未能全面反映设备动静密封点泄漏 VOCs 排放情况；或 LDAR 台账建立与《指南》不符，如将阀门划分为压盖和填料两个密封点、乙二醇识别为轻液、未统计不可达点等；开放式采样系统的开口管线未选用平均排放系数法；LDAR 未采用响应因子修正检测值，当受控设备的物料组分响应因子大于 3 时，LDAR 检测数据需要考虑根据响应因子进行调整，而个别企业存在响应因子未修正的问题。

除核算方法带来误差外，在数据采集、参数设计与采集过程中人为原因造成的误差同样不可忽视。对于 LDAR 工作而言，在数据采集阶段造成误差的原因很多，包括但不限于以下几点：a. 对工艺不熟悉，错误判断管道中的介质；b. 遗漏管线、阀门、法兰等，造成数据不完整；c. 检测人员操作不当，未按照相关操作要求正确使用检测仪器；d. 检测仪器使用不当，未按期进行仪器校核、漂移测定等；e. 后期整理过程中造成的数据丢失、覆盖、错乱；f. 未进行实际监测，随机填写核算的基础参数等。

⑥废气流量、组成等参数缺失。

部分企业未对燃烧烟气的流量、火炬气流量和组成等进行监测和记录；所有调研企业均未对装置停车检维修期间开盖排气的 VOCs 气体组分、分子量、体积分数等进行测量；部分关键参数根据日常经验估算，并不是实际测量或计算中获得；核算数据的真实性无法得到保障；企业提供的监测数据不具备统计意义。以上这些都会导致最终的结果出现偏差。

1.5.2.3 污染治理设施缺失或运行效果不理想

目前，VOCs 治理技术主要包括溶剂吸附法、吸收法、热破坏法、生物膜法、电晕法、光分解法、等离子体分解法及组合技术等，但多数 VOCs 末端治理工艺技术大都存在工艺实用性差、治理成本高、综合效率低、集成性不足、管理维护工作量大等问题。总体上，我国 VOCs 的管控基础薄弱且主要集中在末端治理，对于材料升级替代、装备升级改造、工艺优化、过程检漏预警等的源头控制和过程控制研究薄弱；全过程整体解决方案、成套技术和装备的研发及工业化应用研究较少；技术人员素质和管理水平有待提高。

此外，部分污染治理设施缺失或运行效果不理想。例如，部分企业的装车设置油气回收设施，但现阶段尚未回收到物料或回收物料很少，综合管控效率很低；部分企业污水产生废气的 VOCs 处理设施运行效果差；部分企业的现场废气监测仪进行了一次采样，不具有统计意义，但一次数据显示个别排放源存在超标现象，如个别企业重整催化再生烟气、丁苯橡胶和顺丁橡胶尾气，酸性水罐排气和连续重整四合一加热炉排气，聚丙烯造粒机废气，CTA 料仓输送气，PTA 结晶和干燥尾气，常压吸收塔出口尾气，水煤浆锅炉烟气等；个别企业重整催化再生烟气中的非甲烷总烃和苯、丁苯尾气和顺丁橡胶尾气中的非甲烷总烃、顺丁橡胶尾气中的苯和正己烷等浓度存在超标现象，超标倍数为几倍到十几倍；个别企业的工艺尾气处理效率有待核实。

1.5.2.4 VOCs 采样、监测及质量控制相关问题

目前石化行业 VOCs 综合整治基础相对薄弱，大部分企业不具备 VOCs 监测能力，少数具备监测能力的企业也基本未对工艺有组织尾气、废水和循环水等源项进行定期监测，以获取具有统计学意义的监测数据。企业未系统开展监测统计工作，监测频次及表征方式不统一，无法判断监测数值的有效性。

有组织排放及燃烧烟气的现场监测数据普遍大于企业上报数据。如燃烧烟气，部分企业提供的排放数据为实测基础上的保守估算值，现场监测表明，动力锅炉和加热炉的 VOCs 排放浓度值普遍远高于企业提供的实测值。除采样—监测—分析整个过程本身的系统误差，还可能是由于燃烧工况（如供氧量）的不稳定导致了燃烧效率的变化，致使监测数据存在差异。

2 挥发性有机物污染源排查的理论基础

2.1 全过程精细化管控思想——核心思想

目前 USEPA 公布的 VOCs 物质有 1 500 多种/类，种类繁多。VOCs 的控制相较于常规大气污染物（如 SO_2、NO_x 等）具有排放源多、排放情况复杂等特点，因而，对于 VOCs 排放的控制应该有别于常规大气污染物的思路，即应由传统的单一型末端治理模式向“管理控制、源头预防、过程控制以及末端治理”的全过程精细化管控思路与开放式监管模式于一体的系统思想转变（见图 2-1）。

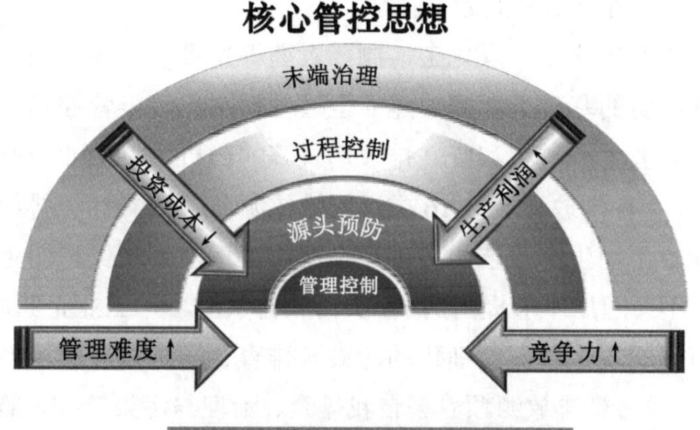

图 2-1 全过程精细化管控核心思想示意

在统一管控思路指导下，以管理控制为核心，结合“管理控制、源头预防、过程控制以及末端治理”的全过程精细化管控思想，构建企业申报、政府监管、公众参与以及社会监督的开放式、共享型 VOCs 综合管控平台（以下简称平台）。企业通过统一的格式报告，上传至平台，以大数据、“互联网+”技术为手段，为实现政府、企业、公众以及社会多元化 VOCs 治理提供便利工具。将 VOCs 排放量估算、排放申报、监管排查、监督、检测/监测、修复/治理、治理技术评估以及达标可行性分析等一系列工作，作为排污许可制度、环境影响评价、环境保护税以及总量控制等重要环境管理制度有效实施的科学依据。

基于上述核心思想、手段，平台可通过构建创新型 VOCs 环境管理模式，逐步实现固定源、移动源以及面源 VOCs 排放管控的有效整合；协调排污许可、环境影响评价、达标排放以及总量核算等核心环境管理制度的系统化优化和无缝式衔接；通过建立开放式、共享型监管模式，形成环境监测、环境监察和总量控制等相关部门数据联审制度，鼓励公众和社会组织参与数据监督和审核，强化信息公开、社会监督，为持续改善环境空气质量提供重要保障。

2.2 工业污染源归类解析——理论基础

传统的工业污染源分类方式有很多种，按污染物类型可分为废气、废水、固体废物等；按生产工况可分为正常工况排放、非正常工况排放、事故排放；按污染物排放形式可分为有组织排放、无组织排放；按污染源类型可分为点源、面源、体源、线源；按排放的连续性可分为连续性排放和间歇性排放。

本书在总结多年石化化工、煤化工、制药农药等建设项目环境保护管理工作和相关行业污染管理成熟经验的基础上，根据建立全过程精细化污染管控和开放式环境管理理念的原则，通过对企业生产过程和废气排放形式等的剖析，将工业企业的废气污染源归类为 3 种生产工况、2 种排放形式共 16 类污染排放源项。16 类污染排放源项基本可以覆盖不同类型的企业、不同生产工艺的各种污染排放过程，不同类型的企业和工艺可能存在差异性，但一般不会超出本书提出的 16 类污染排放源项，工业企业通过对 16 类污染排放源项的解析可以实现全过程精细化的污染源排查、源项核算和污染控制。有关污染企业均可以从这 16 类污染排放源项着手自我排查、治理与污染管控，监管部门同样可以从这 16 类污染排放源项进行相关的核查与监督。

归类解析体系起初是为了控制石化行业的 VOCs 排放，经过几年的完善，从最初的 9 类发展到现在的 16 类，基本可以包含各种石化化工、工业涂装、包装印刷等重点行业企业的大气污染排放源，也包含了 VOCs 在内的各种污染物排放。监管者在执法过程中易对号入座，尤其不会被石化化工企业有如迷宫般的门类所困惑；企业应用此方法，可以核查自身的薄弱环节，对症下药。针对这 16 类污染排放源项各自特点，分别制订和采取污染控制措施，包括设备、管件等硬件和管理、应急等软件，是环境污染控制向精细化迈进的基础。具体分类情况见表 2-1 和图 2-2。

表 2-1　工业企业废气污染源归类解析

序号	源项解析	排放形式	排放工况
1	设备与管线组件泄漏	有（无）组织	正常
2	挥发性有机液体储罐排放	有（无）组织	正常
3	挥发性有机液体装载排放	有（无）组织	正常
4	敞开液面 VOCs 逸散过程排放	有（无）组织	正常
5	燃烧烟气排放	有组织	正常
6	工艺过程 VOCs 有组织排放	有组织	正常
7	循环冷却水系统排放	有（无）组织	正常
8	含 VOCs 产品的使用过程排放	无组织	正常
9	工艺过程 VOCs 无组织排放	无组织	正常
10	采样过程排放	无组织	正常
11	涉 VOCs 固体物料堆存过程排放	有（无）组织	正常
12	厂内道路及非道路移动源排放	无组织	正常
13	洗车过程排放	有（无）组织	正常
14	非正常工况（含开停工及维修）排放	有（无）组织	非正常
15	事故排放	无组织	事故
16	火炬排放	有组织	非正常、正常

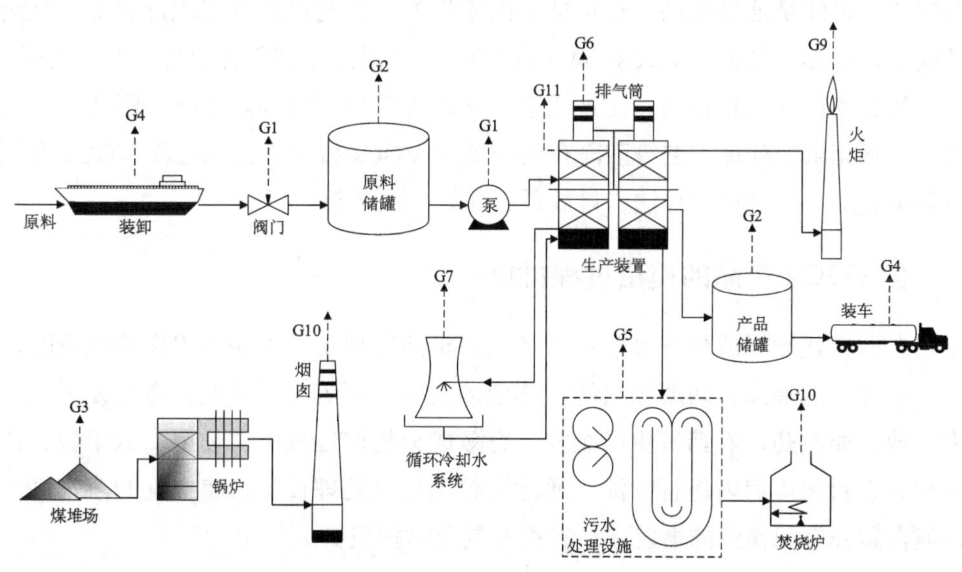

G：气体；数字表示污染源项，同一个数字表示同一类污染源。

图 2-2　工业企业废气污染源归类解析

本书研究内容涉及燃烧烟气排放、工艺过程 VOCs 有组织排放、含 VOCs 产品的使用过程排放、工艺过程 VOCs 无组织排放、厂内道路及非道路移动源排放等。

2.2.1 燃烧烟气排放

燃烧烟气是工业企业为了给物料直接或者间接提供热源，燃烧燃料产生的排放，属于正常工况下的有组织排放。燃料有煤炭、石油、天然气、干气等，主要设备有锅炉、加热炉、窑炉、热媒炉等。燃烧烟气是易监测和控制的排放源，污染物大多为烟（粉）尘、二氧化硫、氮氧化物、VOCs 等。燃烧烟气的污染物排放量主要受燃料性质、末端处理技术等因素影响，因此，可以通过选择清洁燃料、强化烟气处理技术等手段有效控制。燃烧烟气 VOCs 排放量可采用实测法、F 系数法、排放系数法等方法估算。这里需要提醒的是，一些工业的供热或供冷设施中的热媒或冷媒物质还可能存在“跑冒滴漏”现象，造成污染物的排放，这些排放可纳入设备与管线组件泄漏源项进行管理。

2.2.2 工艺过程 VOCs 有组织排放

有组织工艺废气是指除热源供给设施燃烧烟气和火炬外，所有 15 m 以上排气筒的排放，包括工艺装置排气筒，如催化裂化尾气、连续重整尾气、硫黄回收尾气等，也包括面源经收集后的集中排放，如橡胶厂硫化车间、曝气池加盖收集等。这是正常工况下的有组织排放，可能是连续性的，也可能是间歇性的。工艺过程有组织排放是易监测和控制的排放源，污染物大多为 VOCs、烟（粉）尘、二氧化硫、氮氧化物等。工艺过程 VOCs 有组织排放量主要受物料性质、生产工艺、末端处理技术等因素影响，因此，可以通过工艺改进、强化末端处理工艺等手段有效控制其 VOCs 排放。工艺过程 VOCs 有组织排放量可采用实测法、物料衡算法、排放系数法等方法估算。

2.2.3 含 VOCs 产品的使用过程排放

工业企业在建设期或生产过程中会涉及有机溶剂使用，如企业建设期或造船、汽车等生产企业使用的油漆、防腐涂料等，其中涉及稀释剂等有机溶剂，会在使用涂装过程中产生排放；如制药、农药等生产企业，有效成分提取过程中会使用二氯甲烷、乙醇等有机溶剂。在封闭厂房内进行喷涂，通常会使用尾气处理设施，将挥发的溶剂进行回收处置，但在敞开空间作业的情况下，有机溶剂通常挥发到大气中。

2.2.4 工艺过程 VOCs 无组织排放

工艺无组织排放是指非密闭式工艺过程中的无组织、间歇式的排放，在生产材料准备、工艺反应、产品精馏、萃取、结晶、干燥、卸料等工艺过程中，污染物通过生产加注、反应、分离、净化等单元操作过程，通过蒸发、闪蒸、吹扫、置换、喷溅、涂布等方式逸散到大气中，属于正常工况下的无组织排放。工艺过程 VOCs 无组织排放量主要受物料性质、生产工艺、末端处理技术等因素影响，可以采用工艺改进、溶剂优选、排放方式改进、增设末端处理设施等手段有效控制。工艺过程 VOCs 无组织排放量估算可采用物料衡算法、公式法、排放系数法等方法实现。焦化、医药、农药和橡胶硫化与涂布等间歇生产过程的工艺无组织排放是该类工业企业 VOCs 排放的主要来源。企业的实验化验区在分析化验过程中，也会有样品、反应废气等逸散，也可以纳入工艺过程 VOCs 无组织排放这一源项管理。

2.2.5 厂内道路及非道路移动源排放

为保证企业内物料的正常运输，工业企业通常在企业内配备叉车等运输车辆，以及备用燃油发电机等工程机械。车辆及机械运行后尾气排放，以及车辆油箱中燃料挥发，均会产生 VOCs。

2.3 污染物综合管控效率——管理方法

污染物综合管控效率，简称综合效率，即收集（捕集）效率、去除（回收）效率和投运（在线）率的乘积，已在实践中得以验证，是行之有效驱动减排的“利器”。从方法学角度讲，综合效率全面体现了管理控制、源头预防、过程控制和末端治理的综合管控水平，可科学量化大气污染物、水污染物的有组织、无组织、正常工况及非正常工况的排放，以及固体废物的收集、处置，从而满足对污染源实施全过程系统化、精细化的管控要求。量化指标如下：

①综合效率=收集效率×去除效率×投运率；

②污染物排放量=污染物产生量×（1−综合效率）；

③污染物排放量=污染物无组织排放量+污染物有组织排放量；

④污染物无组织排放量=污染物产生量×（1−收集效率×收集设施投运率）；

⑤污染物有组织排放量=污染物产生量×收集效率×收集设施投运率×（1−污染治理设施去除效率×污染治理设施投运率）；

⑥收集效率=收集设施收集污染物的量/污染物产生量；

⑦去除效率=1−污染治理设施污染物排放量（有组织排放量）/（污染物产生量×收集效率×收集设施投运率）；

⑧投运率=污染治理（收集）设施年投运时间/相应产生污染物的主体设施年运行时间。

以综合效率管控理念为基础，分步规划污染减排路线图。污染减排策略可分为：①基于“多排放”转向“少排放”的下策管控模式（即末端治理方式）；②基于“少排放”

转向“少产生”的中策管控模式（即源头预防、过程控制和末端治理相结合）；③基于“少产生”转向“不产生”的上策管控模式（即管理控制、源头预防、过程控制和末端治理相结合的全过程精细化管控方式）。以综合效率指标为管控杠杆，以综合效率全面替代污染物去除效率，并作为约束性考核指标，逐步构建科学、合理、可操作的核定体系，实现污染物全过程管控的量化与考核，最终实现环境和经济的协调发展。

2.4 挥发性有机物污染源排查程序

本书中涉及的工业企业包括以原油、重油等为原料生产汽油馏分、柴油馏分、燃料油、石油蜡、石油沥青、润滑油和石油化工原料等的石油炼制工业企业，以石油馏分、天然气为原料生产有机化学品、合成树脂原料、合成纤维原料、合成橡胶原料等的石油化学工业企业，以及油品储运、油品码头、煤化工、农药、制药等工业企业。

根据污染源归类解析，将工业企业VOCs污染源的排查范围确定为16类源项（见表2-2）。

表2-2 VOCs污染源排查范围

序号	源项	描述
1	设备与管线组件泄漏	装置或设施的动、静密封点排放的VOCs
2	挥发性有机液体储罐排放	VOCs 排放来自挥发性有机液体固定顶罐（立式和卧式）、浮顶罐（内浮顶式和外浮顶式）的静置呼吸损耗和工作损耗
3	挥发性有机液体装载排放	挥发性有机液体在装卸、分装过程中逸散进入大气的VOCs
4	敞开液面VOCs逸散过程排放	废水在收集、储存及处理过程中从水中挥发的VOCs
5	燃烧烟气排放	主要是指锅炉、加热炉、内燃机和燃气轮机等设施燃烧燃料过程排放的烟气
6	工艺过程VOCs有组织排放	主要指生产过程中装置有组织排放的工艺废气，其VOCs排放量受生产工艺过程的操作形式（间歇式、连续式）、工艺条件、物料性质影响
7	循环冷却水系统排放	由于设备泄漏，导致有机物料和冷却水直接接触，冷却水将物料带出，冷却过程由于凉水塔的汽提作用和风吹逸散，从冷却水中排入大气的VOCs
8	含VOCs产品的使用过程排放	企业建设期和运营期对挥发性有机溶剂类使用造成的排放
9	工艺过程VOCs无组织排放	是指非密闭式工艺过程中的无组织、间歇式的排放，在生产材料准备、工艺反应、产品精馏、萃取、结晶、干燥、卸料等工艺过程中，污染物通过生产加注、反应、分离、净化等单元操作过程，通过蒸发、闪蒸、吹扫、置换、喷溅、涂布等方式逸散到大气中，属于正常工况下的无组织排放

序号	源项	描述
10	采样过程排放	采样管线内物料置换和置换出物料的收集储存过程中，逸散的部分 VOCs
11	涉 VOCs 固体物料堆存过程排放	由于固体物料自身含有或吸附 VOCs 物质，在堆存过程中产生的 VOCs 排放
12	厂内道路及非道路移动源排放	厂内燃气或燃油的机动车及工程建设施工机械、小型通用机械、柴油发电机组产生的 VOCs 排放
13	洗车过程排放	在厂区内所有装载涉 VOCs 物料车辆，以及涉 VOCs 物质储存单元清洗过程产生的 VOCs 排放
14	非正常工况（含开停工及维修）排放	开停工及检维修过程中由于泄压和吹扫等工序而排放的废气
15	事故排放	由于泄漏、火灾、爆炸等事故情况导致的 VOCs 污染事故排放
16	火炬排放	火炬是热氧化处理、处置区域内生产设备所排放的各类具有一定热值气体的焚烧净化装置。通过焚烧，可去除火炬气中大部分的烃类，但其排放废气中仍包括未燃烧完全而剩余的 VOCs

主要按照资料收集、源项解析、统计核算、格式报表的流程对 VOCs 的排放量进行排查，工作流程见图 2-3。

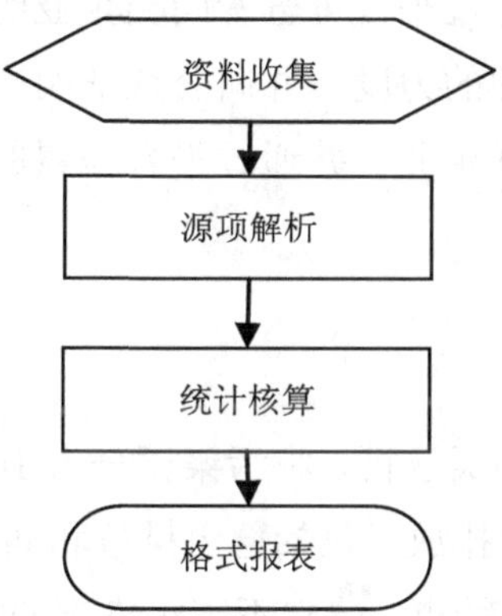

图 2-3　VOCs 排放量排查基本工作流程

本书给出的资料收集信息及格式报表主要作为辅助企业管理使用。主要收集企业的基本信息和各 VOCs 排放源项的相关设备信息、物料信息、管理信息、气候信息等。源项解析是要对各 VOCs 排放源项根据设备特点和管理情况进行细化分类，分别确定排查方法。统计核算是按照各类源项特点确定的排查方法核算 VOCs 排放情况。格式报表是最终要按照各源项分别列出排查结果的表格样式，以便于企业建立管理机制和台账。

2.5 挥发性有机物污染控制及排查方案的特点

2.5.1 开放型

VOCs 定义是一种开放型的定义。《石油炼制工业污染物排放标准》（GB 31570—2015）将 VOCs 定义为“参与大气光化学反应的有机化合物，或者根据规定的方法测量或核算确定的有机化合物”。这样的定义可以根据不同阶段光化学污染的程度和对科学认识的提高，采取修订豁免清单的方式来调整管理要求。对于管理部门而言，豁免反应活性较低的有机化合物，可以集中精力加强对反应活性较高有机化合物的监管，同时可以激励相关企业使用豁免物质替代反应活性较高的 VOCs，并最终体现对环境质量负责的思想。

此外，通过工业企业 VOCs 污染源排查，可以摸清企业目前的 VOCs 排放情况和 VOCs 控制技术使用情况。环境管理部门可在此基础上，建立一套 VOCs 申报和管理平台，将企业 VOCs 排放情况和 VOCs 控制技术使用情况通过平台向社会公开。社会公众通过平台可查看居住地附近工业企业的排放量并与其他企业对比，发挥公众参与对企业污染控制工作的监督促进作用；企业通过平台可查看同类企业的污染物排放数据，根据横向对比，增强企业自身实施污染治理的力度，并向公众证明企业保护周边环境的主体责任；政府管理人员可以通过平台管理企业，并通过平台积累的数据制订合乎实际情况的标准和出台相关管理文件。

2.5.2 全过程精细化

本书通过对 VOCs 污染源归类解析，将污染源分为 16 类源项，其中既包括有组织排放、无组织排放，也考虑了正常排放（包括稳定排放和间歇式排放）、非正常排放以及事故排放，进而根据各类污染源的特点，建立不同污染源的排查和管理方法。在提供 VOCs 污染源排放量的核算方法时，针对各类 VOCs 排放源分别给出了实测法、物料衡算法、公式法、排放系数法等多种估算方法。本书建议企业在数据可得情况下尽量使用实测法，当监测数据不可得时，通过物料平衡、模型或公式进行计算；若以上数据确实无法得到，才可使用排放系数法。实测法是最准确的排放量核算方法，物料衡算法、公式法次之，排放系数法准确性最差，但排放系数法估算结果也最为保守，估算结果可能是最大的。如果企业没有能力提供准确详细的资料，可暂时按排放系数法估算 VOCs 排放量，但计算结果可能相对较大，这样也有利于调动企业推动技术进步和污染源排放量精细化核算的积极性。

VOCs 排放贯穿了企业生产的全过程，根据污染源归类解析可以看出，VOCs 的排放与物料特性、管理水平、污染控制技术等多方面因素有关，因此，有效控制 VOCs 排放也应从源头、过程、末端全方面考虑。本书在 VOCs 排放量核算时，考虑了物料、装置类型、加工/周转/处理量、生产工艺、气候条件、废气处理效率、企业管理情况等多方面因素，体现了污染源管理的全过程精细化理念。

3 燃烧烟气排放

3.1 概述

燃烧烟气污染源是指工业企业工艺装置中的工业炉窑、工艺加热炉、动力站锅炉及自备电站的内燃机和燃气轮机。燃烧烟气污染源利用燃料燃烧产生的热量加热工艺介质、产生蒸汽或利用高温烟气发电，最后燃烧烟气通过烟囱排入大气。根据《燃料分类代码》（HJ 517—2009），燃料可分为固体燃料、气体燃料、液体燃料 3 大类。这些燃料在燃烧过程中，当燃烧条件不好时，可产生不完全燃烧，烟气中会排放一定量的 VOCs。这些燃烧烟气污染源遍布于工业企业各生产区，属于固定点源。

本章主要介绍燃烧烟气 VOCs 污染源排查的范围、工作流程、源项解析、管控要求、VOCs 排放估算方法及案例。燃烧烟气 VOCs 排放量的估算方法通常为实测法，监测分析方法包括《固定污染源废气　总烃、甲烷和非甲烷总烃的测定　气相色谱法》（HJ 38—2017）和美国的《气相色谱法测定总气态有机物》（EPA Method18）、《总气态非甲烷有机物的测量—以碳计》（EPA Method 25）、《使用火焰离子检测器测定总气态有机物浓度》（EPA Method 25A）等，可以是连续在线监测方法，也可以是定期采样人工分析方法。当没有实测数据时，可采用排放系数法，本书中相关的排放系数引用了《第二次全国污染源普查产排污系数手册》及 USEPA 的污染物排放系数文件（AP-42）。

3.2 排查工作流程

燃烧烟气污染源排查的范围包括工业企业工艺装置中的工业炉窑、工艺加热炉、动力站锅炉及自备电站的内燃机和燃气轮机。排查工作流程包括资料收集、源项解析、统计核算、格式报表 4 部分，具体工作流程见图 3-1。

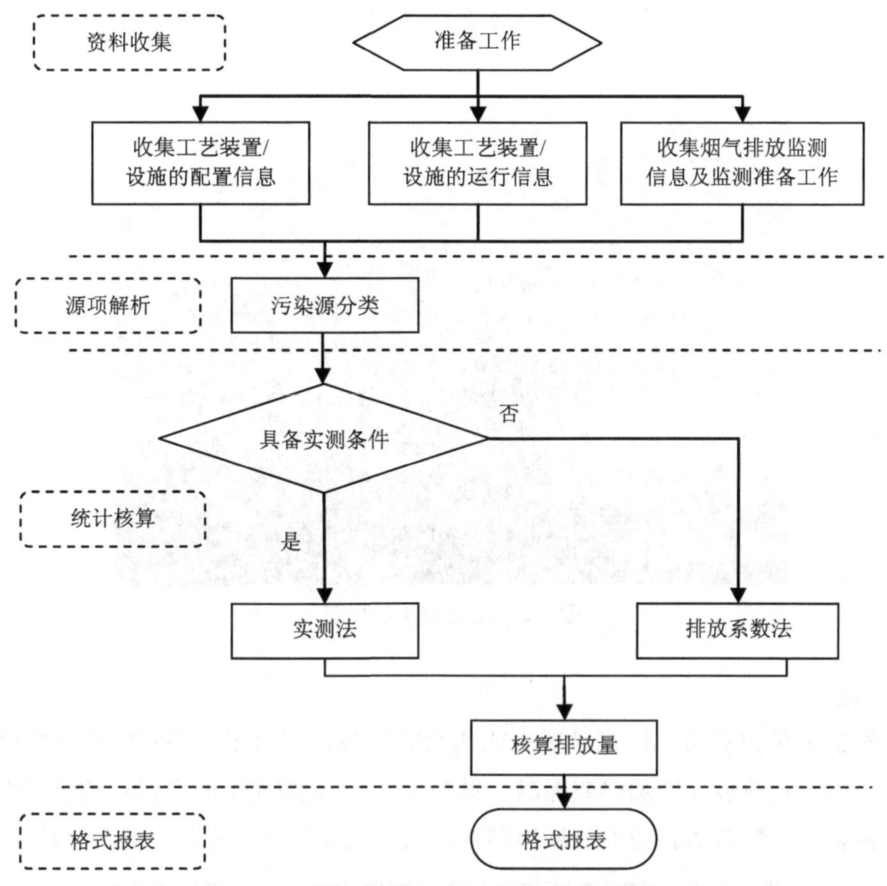

图 3-1 燃烧烟气 VOCs 污染源排查工作流程

根据收集到的企业装置及设施的配置信息、燃料使用情况、运行参数和排放监测数据等，全面梳理、筛查燃烧烟气污染源的种类、数量及其污染物排放强度、达标排放情况，最后完成统计核算和数据上报工作。

3.3 源项解析

3.3.1 燃烧烟气污染源种类

3.3.1.1 工艺加热炉

工业企业大多数工艺装置是在一定的温度下反应或操作。因此，通常使用加热炉为反应或工艺过程提供热量，根据加热目的可分为反应炉、转化炉、裂解炉、分馏炉、重沸炉等。工艺加热炉使用的燃料主要为气体燃料如石油炼制过程副产燃气——炼油厂燃料气，部分使用天然气和燃料油，冶金工艺过程副产煤气包括焦炉煤气、高炉煤气、转炉煤气等（见图 3-2）。

图 3-2 工艺加热炉烟囱

3.3.1.2 锅炉

动力站锅炉承担着为工厂提供蒸汽或热水的任务，蒸汽用于装置的正常生产及停工吹扫，热水用于企业装置的加热或保温（见图 3-3）。锅炉使用的燃料种类包括煤炭和石油焦等固体燃料，燃料油和渣油等液体燃料，天然气和炼油厂燃料气等气体燃料。

图 3-3 动力站锅炉烟囱

3.3.1.3 内燃机、燃气轮机

企业工厂所用电力通常由外部供给，但有些特殊的情况下会自建电站或作为应急电源为全厂正常生产用电设备或紧急备用电源提供电力。当使用内燃机发电时，燃料一般

为天然气、汽油或柴油，燃气轮机用于余热发电，一般采用煤、天然气、炼油厂燃料气等作原料。

3.3.1.4 工业炉窑

工业炉窑是指在工业生产中用燃料燃烧或电能转换产生的热量，进行冶炼、焙烧、烧结、熔化、加热等工序的热工设备。工业炉窑在工业行业应用广泛且种类繁多，是我国大气污染物的重要排放源。按照《工业炉窑大气污染物排放标准》（GB 9078—1996）将工业炉窑分为熔炼炉、熔化炉、铁矿烧结炉、加热炉、热处理炉、干燥炉（窑）、非金属焙（锻）烧炉窑（耐火材料窑）、石灰窑、陶瓷搪瓷砖瓦窑及其他炉窑 10 个大类，其中，熔炼炉涉及钢铁、有色等行业的高炉及高炉出铁场、炼钢炉及混铁炉（车）、铁合金熔炼炉、有色金属熔炼炉 4 类；熔化炉包括冲天炉、化铁炉、金属熔化炉、非金属熔化炉、冶炼炉 5 类；铁矿烧结炉包括烧结机（机头、机尾）和球团竖炉、带式球团焙烧机；加热炉包括金属压延、锻造加热炉和非金属加热炉；热处理炉包括金属热处理炉和非金属热处理炉；陶瓷搪瓷砖瓦窑涉及建材行业隧道窑及其他窑。

表 3-1 工业炉窑分类

<table>
<tr><th>序号</th><th colspan="2">炉窑类别</th></tr>
<tr><td rowspan="4">1</td><td rowspan="4">熔炼炉</td><td>高炉及高炉出铁场</td></tr>
<tr><td>炼钢炉及混铁炉（车）</td></tr>
<tr><td>铁合金熔炼炉</td></tr>
<tr><td>有色金属熔炼炉</td></tr>
<tr><td rowspan="5">2</td><td rowspan="5">熔化炉</td><td>冲天炉</td></tr>
<tr><td>化铁炉</td></tr>
<tr><td>金属熔化炉</td></tr>
<tr><td>非金属熔化炉</td></tr>
<tr><td>冶炼炉</td></tr>
<tr><td rowspan="2">3</td><td rowspan="2">铁矿烧结炉</td><td>烧结机（机头、机尾）</td></tr>
<tr><td>球团竖炉、带式球团焙烧机</td></tr>
<tr><td rowspan="2">4</td><td rowspan="2">加热炉</td><td>金属压延、锻造加热炉</td></tr>
<tr><td>非金属加热炉</td></tr>
<tr><td rowspan="2">5</td><td rowspan="2">热处理炉</td><td>金属热处理炉</td></tr>
<tr><td>非金属热处理炉</td></tr>
<tr><td>6</td><td colspan="2">干燥炉（窑）</td></tr>
<tr><td>7</td><td colspan="2">非金属焙（锻）烧炉窑（耐火材料窑）</td></tr>
<tr><td>8</td><td colspan="2">石灰窑</td></tr>
<tr><td rowspan="2">9</td><td rowspan="2">陶瓷搪瓷砖瓦窑</td><td>隧道窑</td></tr>
<tr><td>其他窑</td></tr>
<tr><td>10</td><td>其他炉窑</td><td></td></tr>
</table>

3.3.2 燃烧烟气VOCs排放

燃料在燃烧过程中会排放各类污染物（常规污染物包括 SO_2、NO_x 和 PM）。通常，由于燃料的不完全燃烧还可能排放CO和VOCs。燃烧过程排放污染物的种类和数量受许多条件影响，与燃烧使用的燃料类型、燃烧技术及燃烧条件有关。有关资料表明，除常规的污染物外，燃烧烟气排放的污染物多达几十种，而且，由于外部燃烧源相对于内部燃烧源来说具有更好的燃烧条件，因此，外部燃烧源比内部燃烧源排放的VOCs更少。

3.3.2.1 燃料分类

《燃料分类代码》（HJ 517—2009）中根据燃料物理形态将燃料分为固体燃料、气体燃料、液体燃料3大类。除去液体火箭燃料、核燃料等军用燃料及城市生活垃圾、城市污泥、医疗废物等固体废物作燃料外，煤炭、燃料油、燃料气等均为工业企业常用燃料（见表3-2）。

表3-2 燃料类型

<table>
<tr><th>燃料类型</th><th colspan="2">燃料名称</th><th>燃料类型</th><th colspan="2">燃料名称</th></tr>
<tr><td rowspan="17">固体燃料</td><td rowspan="6">煤炭</td><td>无烟煤</td><td rowspan="11">液体燃料</td><td rowspan="5">石油及石油制品</td><td>原油</td></tr>
<tr><td>低挥发分烟煤</td><td>汽油</td></tr>
<tr><td>中挥发分烟煤</td><td>煤油（喷气燃料、一般煤油）</td></tr>
<tr><td>中高挥发分烟煤</td><td>柴油</td></tr>
<tr><td>高挥发分烟煤</td><td>燃料油</td></tr>
<tr><td>褐煤</td><td rowspan="2">煤炭加工制取燃料油</td><td>煤焦油</td></tr>
<tr><td rowspan="6">其他天然矿物固体燃料</td><td>石煤</td><td>煤液化油</td></tr>
<tr><td>泥炭</td><td>其他天然矿物加工制取燃料油</td><td>页岩油</td></tr>
<tr><td>煤矸石</td><td rowspan="2">生物液体燃料</td><td>生物柴油</td></tr>
<tr><td>油页岩</td><td>醇类燃料</td></tr>
<tr><td>碳沥青</td><td>其他液体燃料</td><td></td></tr>
<tr><td>天然焦</td><td rowspan="6">气体燃料</td><td rowspan="2">天然气体燃料</td><td>天然气</td></tr>
<tr><td rowspan="5">人工固体燃料</td><td>焦炭</td><td>煤层气</td></tr>
<tr><td>型煤</td><td rowspan="4">冶金工艺过程副产煤气</td><td>焦炉煤气</td></tr>
<tr><td>石油焦</td><td>高炉煤气</td></tr>
<tr><td>木炭</td><td>转炉煤气</td></tr>
<tr><td>蜡</td><td>焦炉-高炉-转炉混合煤气</td></tr>
</table>

燃料类型	燃料名称		燃料类型	燃料名称	
固体燃料	生物质固体燃料	生物质燃料	气体燃料	石油炼制过程副产燃气	炼油厂干气
		生物质制品燃料			液化石油气
	浆体燃料	水煤浆		人造煤气	空气煤气
		其他浆体燃料			混合煤气
	固体火箭燃料	固体火箭推进剂			人工煤气
	其他固体燃料			有机物发酵分解后制取的燃气	沼气
				其他气体燃料	

（1）煤炭

以煤炭为燃料的锅炉，当使用烟煤和亚烟煤时，烟气中主要的污染物是 SO_2、NO_x 和颗粒物，但一些未烧尽的可燃物（包括 VOCs 和 CO），即使在锅炉良好的运转条件下，一般也会有排放。在锅炉排放的烟气中存在多种有机物，包括脂肪烃和芳香烃、酯、醚、醇、羧基化合物、羟酸和多环有机物。如果一个锅炉运行或维护不当，CO 和 VOCs 的浓度可增加几个数量级。

另外，使用无烟煤的锅炉，烃类的排放量会大大降低，因为无烟煤的挥发分明显小于烟煤。煤粉炉或旋风炉排放的 VOCs 通常比小型炉要低一些，因为前者的操作条件能够更好地控制。除维持适当的燃烧条件外，不用特别的控制装置来控制 VOCs 排放。

（2）燃料油

以燃料油为燃料的燃烧源，在不完全燃烧时可排放 CO 和 VOCs，排放 VOCs 的量取决于燃烧效率，与燃料油的雾化效果有很大的关系。

（3）燃料气

以燃料气为燃料的燃烧源，由于气相均质流体的燃烧简单而且能较好地控制，因此 VOCs 排放相对较少。但在不适当的操作条件下，如混合不好、空气不充足等都能产生大量的 CO 和烃类物质。在一些大型锅炉中，为了减少 NO_x 的排放，会在较低的过量空气系数下运行，但这无形中会增加烃类的排放。

3.3.2.2 固定燃烧源排放清单

根据《美国炼油厂排放估算协议》，梳理固定燃烧源 VOCs 排放物质（见表 3-3）。

表 3-3 美国固定燃烧源污染物控制指标

种类	物质
标准污染物	CO、铅、PM_{10}-PRI、PM_{10}-FIL、$PM_{2.5}$-FIL、$PM_{2.5}$-PRI、PM-COM、NO_2、NO_x、SO_2、VOCs

种类	物质
挥发性有机 HAPs	乙醛、丙烯醛、苯胺、苯、1,3-丁二烯、异丙基苯、乙基苯、甲醛、正己烷、甲基异丁基酮、苯乙烯、甲苯、2,2,4-三乙基戊烷、邻二甲苯、间二甲苯、对二甲苯、混二甲苯（总）、苊、苊烯、蒽、苯并蒽、苯并[*a*]芘、苯并[*b*]荧蒽、苯并[*e*]芘、苯并[*g,h,i*]芘、苯并[*k*]荧蒽、联苯、2-氯萘、间甲苯酚、邻甲苯酚、对甲苯酚、混甲苯酚（总）、二苯并[*a,h*]蒽、7,12-二甲基苯并蒽、荧蒽、芴、茚并[1,2,3-*c,d*]芘、3-甲基胆蒽、2-甲基萘、䓛、萘、苝、菲、酚、芘、二𫫇英、氧芴、多氯联苯（总）
金属 HAPs	锑、砷、铍、镉、铬（六价）、总铬、钴、铅、锰、汞、镍、硒
其他无机 HAPs	氢氰酸（氰化物）

注：PM_{10}-PRI：粒径小于或等于 10 μm 的 PM。PM-PRI=PM_{10}-FIL+PM-COM。

PM_{10}-FIL：粒径小于或等于 10 μm 的 PM 中可过滤的部分（或前半段）。

PM-COM：可冷凝的 PM（或后半段）。所有可冷凝 PM 粒径都小于 2.5 μm。

$PM_{2.5}$-PRI：粒径小于或等于 2.5 μm 的 PM。PM-PRI=$PM_{2.5}$-FIL+PM-COM。

$PM_{2.5}$-FIL：粒径小于或等于 2.5 μm 的 PM 中可过滤的部分（或前半段）。

3.4 推荐估算方法

本节给出了实测法、*F* 系数法和排放系数法估算燃烧烟气中 VOCs 的排放量。

3.4.1 实测法

实测法是基于对固定燃烧源燃烧烟气的流量和烟气中污染物的浓度进行实测的估算方法，监测方法有连续的在线监测（CEMS）和定期的人工采样分析。

3.4.1.1 估算方法

（1）基于 CEMS 的估算方法

工业企业中锅炉、工业炉窑等产生的废气一般通过烟囱排放，通常在排放量较大的污染源烟囱上安装 CEMS。CEMS 每小时内可连续测量多个流量和污染物的浓度，利用 CEMS 进行污染物排放估算的方法见式（3-1）。

$$E_{燃烧烟气i}=\sum_{n=1}^{N}\left\{Q_n\times\left[1-\left(f_{\mathrm{H_2O}}\right)_n\right]\times\left(\frac{T_\mathrm{o}}{T_n}\right)\times\left(\frac{p_n}{p_\mathrm{o}}\right)\times\left(C_i\right)_n\times\frac{\mathrm{MW}_i}{\mathrm{MVC}}\times H\times10^{-3}\right\} \tag{3-1}$$

式中：$E_{燃烧烟气i}$ —— 燃烧烟气中污染物 *i* 的排放量，t/a；

N —— 每年测量次数（例如，如果 CEMS 每 15 min 记录 1 次测量值，那么 *N*=35 040）；

n —— 测量编号，第 *n* 次测量；

Q_n —— 第 *n* 次测量时烟气的流量（湿基），m^3/min；

$(f_{H_2O})_n$ ——第 n 次测量时烟气的含水量，体积分数；

T_o —— 标准状态下的温度，为 273.15 K；

T_n —— 第 n 次测量时的温度，K；

p_n —— 第 n 次测量时的平均压力，kPa；

p_o —— 标准状态下的平均压力，为 101.325 kPa；

$(C_i)_n$ —— 第 n 次测量时烟气中污染物 i 的体积分数（干基、标态）；

MW_i —— 污染物 i 的摩尔质量，kg/kmol；

MVC —— 摩尔体积转换系数，为 22.4 m^3/kmol（标态）；

H —— 两次测量之间间隔的时长，min。

使用公式时需要注意以下几个方面的问题：

①污染物 i 的含义。污染物 i 既可代表单一物质，又可代表混合物，取决于采用的监测方法，如监测烟气中非甲烷总烃的浓度或者监测单一物种 VOC 的浓度。当监测单一物种 VOC 的浓度时，VOCs 排放量应为每一种 VOC 排放量的加和。

②小时排放速率的计算。如果 CEMS 连续监测并在 1 h 内得到多个检测值时，烟气中污染物的小时排放速率可以通过两种方法进行计算：一种方法是用烟气的平均流量和污染物的平均浓度计算小时平均排放速率；另一种方法是用每次计算的速率相加得出小时排放速率。对于连续的、排放稳定的排放源，通常采用第一种方法计算小时平均排放速率；对于排放不稳定的排放源，如在 1 h 内测量数据变化较大的，可采用第二种方法计算小时排放速率，这样更接近实际情况。

③流量与浓度的测量基准应统一。一般情况下，浓度的测量结果以干基、标态表示，流量的测量结果以湿基表示。如果流量计能将湿基流量自动修正为干基流量时，那么转换系数 $\left[1-\left(f_{H_2O}\right)_n\right]$ 为 1，否则应进行转换。如果流量计能将测试温度和压力下的流量自动修正为标态下的流量时，那么转换系数 $\left(\frac{T_o}{T_n}\right)\times\left(\frac{p_n}{p_o}\right)$ 为 1，否则应根据 $\left(\frac{T_o}{T_n}\right)\times\left(\frac{p_n}{p_o}\right)$ 的结果进行转换。

（2）基于定期人工采样分析的估算方法

定期人工采样分析是利用色谱法测量烟气中单一物种 VOC 或非甲烷总烃的质量浓度（以碳计），采用式（3-2）计算 VOCs 排放量：

$$E_{燃烧烟气i}=\sum_{n=1}^{N}\left\{Q_n\times\left[1-\left(f_{H_2O}\right)_n\right]\times\left(\frac{T_o}{T_n}\right)\times\left(\frac{p_n}{p_o}\right)\times\left(C_i\right)_n\times H\times10^{-9}\right\} \tag{3-2}$$

式中：$E_{燃烧烟气i}$ —— 燃烧烟气中污染物 i 的排放量，t/a；

N—— 每年测量次数（例如，如果每月测量 1 次，那么 N=12）；

n—— 测量编号，第 n 次测量；

Q_n—— 第 n 次测量时烟气的流量（湿基），m^3/h；

$(f_{H_2O})_n$ ——第 n 次测量时烟气的含水量，体积分数；

T_o—— 标准状态下的温度，为 273.15 K；

T_n—— 第 n 次测量时的温度，K；

p_n—— 第 n 次测量时的平均压力，kPa；

p_o—— 标准状态下的平均压力，为 101.325 kPa；

$(C_i)_n$—— 第 n 次测量时烟气中污染物 i 的质量浓度，mg/m^3（干基、标态）；

H—— 两次测量之间间隔的时长，h。

3.4.1.2 所需基础数据

实测法所需要的基础数据包括烟气的流量、单一物种 VOC 或非甲烷总烃的浓度以及与检测系统有关的烟气的温度、压力和含水量。

3.4.2 *F* 系数法

F 系数法是在没有烟气流量监测数据的情况下，利用燃料气的组成和流量计算出烟气的流量，再根据测得的烟气中污染物的浓度计算 VOCs 排放量的估算方法。

3.4.2.1 估算方法

（1）*F* 系数计算

F 系数是燃料理论燃烧情况下放出单位热值而产生的干烟气的体积，用 F_d 表示，由式（3-3）计算：

$$F_d = 10^3 \times \left[\frac{\sum_{i=1}^{n} \left(X_i \times \mathrm{MEV}_i \right)}{\sum_{i=1}^{n} \left(X_i \times \mathrm{MHC}_i \right)} \right] \tag{3-3}$$

式中：F_d—— 燃料放出单位热值而产生的干烟气的体积，m^3/MJ；

n—— 燃料组分数量；

i—— 燃料组分的序数，第 i 种组分；

X_i—— 燃料气中 i 组分的摩尔分数或体积分数；

MEV_i—— i 组分的摩尔烟气体积，m^3/mol（标态）；

MHC_i—— i 组分的摩尔热值，kJ/mol。

炼油厂燃料气常用组分的摩尔热值和摩尔烟气体积见表 3-4。

表 3-4 炼油厂燃料气常用组分的摩尔热值和摩尔烟气体积

组分	MEV[a]/（m^3/mol）（标态）	MHC[b]/（kJ/mol）
甲烷（CH_4）	0.192	888.36
乙烷（C_2H_6）	0.341	1 556.21
氢气（H_2）	0.042	283.81
乙烯（C_2H_4）	0.299	1 408.50
丙烷（C_3H_8）	0.491	2 215.62
丙烯（C_3H_6）	0.449	2 054.19
丁烷（C_4H_{10}）	0.641	2 866.59
丁烯（C_4H_8）	0.598	2 698.83
惰性气体	0.022	0

注：[a] MEV——摩尔烟气体积，m^3/mol（标态）。

[b] MHC——摩尔热值，kJ/mol，高位热值。

（2）VOCs 排放量估算

由计算得出的 F_d 系数可采用两种方法来计算 VOCs 的排放量。

第一种方法是利用 F_d 系数、燃料带入的热值计算烟气的体积流量［式（3-4）］，再根据污染物的监测浓度利用式（3-1）和式（3-2）计算 VOCs 的排放量。

$$Q_n = 10^{-3} \times F_d \times Q_f \times \text{HHV} \times \frac{20.9}{20.9 - O_2} \tag{3-4}$$

式中：Q_n —— 第 n 次测量时烟气的体积流量，m^3/min（干基、标态）；

F_d —— 燃料放出单位热值而产生的干烟气的体积，m^3/MJ（标态）；

Q_f —— 燃料的体积流量，m^3/min（标态、干基）；

HHV —— 燃料的高位热值，kJ/m^3（标态）；

O_2 —— 烟气中氧气的体积分数（干基）。

第二种方法是利用 F_d 系数、污染物的监测浓度计算基于燃料热值的 VOCs 排放系数［式（3-5）］，然后利用燃料带入的总热值估算污染物排放量［式（3-6）］。

$$\text{EF}_i = C_d \times F_d \times \frac{20.9}{20.9 - O_2} \times 10^{-6} \tag{3-5}$$

式中：EF_i —— 污染物 i 的排放系数，kg/MJ；

C_d —— 污染物 i 的浓度，mg/m^3（干基、标态）；

F_d —— 燃料放出单位热值而产生的干烟气的体积，m^3/MJ（标态）；

O_2 —— 烟气中氧气的体积分数（干基）。

$$E_{燃烧烟气i} = \text{EF}_i \times Q_f \times \text{HHV} \times H \tag{3-6}$$

式中：$E_{燃烧烟气i}$ —— 污染物 i 的排放量，t/a；

EF_i —— 污染物 i 基于燃料热值的排放系数，kg/MJ；

Q_f —— 燃料的体积流量，m^3/min（干基、标态）；

H —— 运行时间，min/a；

HHV —— 燃料的高位热值，kJ/m^3（标态）。

3.4.2.2 所需基础数据

F 系数法所需基础数据包括燃料的组成、流量、高位热值、烟气中污染物或非甲烷总烃的浓度。

3.4.3 排放系数法

排放系数法是基于单位质量或体积的燃料燃烧排放单位质量 VOCs 的排放系数的估算方法。这些系数适用于使用相关燃料的工艺加热炉、锅炉、工业炉窑的排放估算。

3.4.3.1 估算方法

$$E_{燃烧烟气i}=Q_{fuel}\times EF_i\times H\times 10^{-3} \tag{3-7}$$

式中：$E_{燃烧烟气i}$ —— 第 i 个设施排气筒的 VOCs 排放量，t/a；

Q_{fuel} —— 燃料消耗量，煤（t/h）、天然气（m^3/h）、液化石油气（m^3/h，液态）；

EF_i —— 排放系数，kgVOCs/单位燃料消耗（或 kgVOCs/单位产品产生）；

H —— 设施运行时间，h/a。

3.4.3.2 所需基础数据

排放系数法所需基础数据包括燃料的消耗量以及基于各种燃料消耗的排放系数等。美国 AP-42 中的排放系数参见表 3-5 至表 3-10。我国排放系数主要参见表 3-11 至表 3-13。

表 3-5 烟煤和亚烟煤燃烧 VOCs 排放系数

锅炉类型	TNMOC 排放系数/（kg/t 煤）
煤粉炉（固态排渣）	0.030
煤粉炉（液态排渣）	0.020
旋风炉	0.055
抛煤机链条炉排炉	0.025
上方给料炉排炉	0.025
下方给料炉排炉	0.650
手烧炉	5.000
流化床锅炉	0.025

注：表中 VOCs 排放系数是基于总的非甲烷有机物（TNMOC）的监测数据。

表 3-6 褐煤燃烧 VOCs 排放系数

锅炉类型	TNMOC 排放系数/（kg/t 煤）
煤粉炉（固态排渣、切圆燃烧）	0.020
旋风炉	0.035
抛煤机链条炉排炉	0.015
上部给料链条炉排炉	0.002
常压流化床锅炉	0.020

注：表中 VOCs 排放系数是基于总的非甲烷有机物（TNMOC）的监测数据。

表 3-7 无烟煤燃烧 VOCs 排放系数

锅炉类型	TOC 排放系数/（kg/t 煤）
炉排炉	0.150

注：表中 VOCs 排放系数是基于总有机物（TOC）的监测数据。

表 3-8 燃料油燃烧 VOCs 排放系数

锅炉类型		TNMOC 排放系数/（kg/m^3 油）
电站锅炉		0.091
工业锅炉	燃油锅炉	0.034
	燃馏分油锅炉	0.024

注：表中 VOCs 排放系数是基于总的非甲烷有机物（TNMOC）的监测数据。

表 3-9 天然气燃烧 VOCs 排放系数

TOC 排放系数/（kg/m^3 天然气）
1.762×10^{-4}

注：表中 VOCs 排放系数是基于总有机物（TOC）的监测数据。

表 3-10 液化石油气燃烧 VOCs 排放系数

TOC 排放系数/（kg/m^3 液化石油气，液态）	
液化丁烷	0.132
液化丙烷	0.120

注：表中 VOCs 排放系数是基于总有机物（TOC）的监测数据。

表 3-11　燃烧烟气锅炉挥发性有机物产污系数

产品名称	锅炉类型	燃烧方式	燃料名称	规模等级	污染物指标	单位	产污系数
电能/电能+热能	燃煤锅炉	煤粉炉	一般烟煤	所有规模	挥发性有机物	kg/t 燃料	1.18×10^{-2}
			褐煤	所有规模	挥发性有机物	kg/t 燃料	5.91×10^{-3}
			无烟煤	所有规模	挥发性有机物	kg/t 燃料	3.03×10^{-3}
			原煤	所有规模	挥发性有机物	kg/t 燃料	6.91×10^{-3}
		循环流化床锅炉	一般烟煤	所有规模	挥发性有机物	kg/t 燃料	2.86×10^{-2}
			褐煤	所有规模	挥发性有机物	kg/t 燃料	8.09×10^{-3}
			石油焦	所有规模	挥发性有机物	kg/t 燃料	5.75×10^{-3}
			煤矸石（用于燃料）	所有规模	挥发性有机物	kg/t 燃料	1.83×10^{-2}
			无烟煤	所有规模	挥发性有机物	kg/t 燃料	4.17×10^{-3}
			原煤	所有规模	挥发性有机物	kg/t 燃料	1.36×10^{-2}
		抛煤机炉	一般烟煤	所有规模	挥发性有机物	kg/t 燃料	2.50×10^{-2}
			褐煤	所有规模	挥发性有机物	kg/t 燃料	1.50×10^{-2}
			原煤	所有规模	挥发性有机物	kg/t 燃料	2.01×10^{-2}
			无烟煤	所有规模	挥发性有机物	kg/t 燃料	7.75×10^{-3}
			其他洗煤	所有规模	挥发性有机物	kg/t 燃料	1.41×10^{-2}
			煤制品	所有规模	挥发性有机物	kg/t 燃料	4.85×10^{-3}
			焦炭	所有规模	挥发性有机物	kg/t 燃料	3.88×10^{-3}
		链条炉	一般烟煤	所有规模	挥发性有机物	kg/t 燃料	6.35×10^{-3}
			褐煤	所有规模	挥发性有机物	kg/t 燃料	5.91×10^{-3}
			无烟煤	所有规模	挥发性有机物	kg/t 燃料	3.03×10^{-3}
			原煤	所有规模	挥发性有机物	kg/t 燃料	6.13×10^{-3}
			其他洗煤	所有规模	挥发性有机物	kg/t 燃料	5.91×10^{-3}
			煤制品	所有规模	挥发性有机物	kg/t 燃料	1.92×10^{-3}
			焦炭	所有规模	挥发性有机物	kg/t 燃料	1.52×10^{-3}
		其他层燃炉	一般烟煤	所有规模	挥发性有机物	kg/t 燃料	5.73×10^{-3}
			褐煤	所有规模	挥发性有机物	kg/t 燃料	1.50×10^{-2}
			无烟煤	所有规模	挥发性有机物	kg/t 燃料	3.41×10^{-3}
			煤制品	所有规模	挥发性有机物	kg/t 燃料	2.50×10^{-2}
			洗精煤（用于炼焦）	所有规模	挥发性有机物	kg/t 燃料	1.50×10^{-2}
			其他洗煤	所有规模	挥发性有机物	kg/t 燃料	1.50×10^{-2}
			焦炭	所有规模	挥发性有机物	kg/t 燃料	1.71×10^{-3}
			其他燃料	所有规模	挥发性有机物	kg/t 标准煤	3.41×10^{-3}
		其他	一般烟煤	所有规模	挥发性有机物	kg/t 燃料	5.73×10^{-3}
			褐煤	所有规模	挥发性有机物	kg/t 燃料	1.50×10^{-2}
			无烟煤	所有规模	挥发性有机物	kg/t 燃料	3.41×10^{-3}
			煤制品	所有规模	挥发性有机物	kg/t 燃料	2.50×10^{-2}
			炼焦烟煤	所有规模	挥发性有机物	kg/t 燃料	5.73×10^{-3}
			洗精煤（用于炼焦）	所有规模	挥发性有机物	kg/t 燃料	1.50×10^{-2}
			其他洗煤	所有规模	挥发性有机物	kg/t 燃料	1.50×10^{-2}

产品名称	锅炉类型	燃烧方式	燃料名称	规模等级	污染物指标	单位	产污系数
电能/电能+热能	燃煤锅炉	其他	焦炭	所有规模	挥发性有机物	kg/t 燃料	1.71×10^{-3}
			其他燃料	所有规模	挥发性有机物	kg/t 标准煤	3.41×10^{-3}
	燃气锅炉	室燃炉	天然气	所有规模	挥发性有机物	$kg/10^4\ m^3$ 燃料	1.68
			液化天然气	所有规模	挥发性有机物	kg/t 燃料	2.40×10^{-1}
			焦炉煤气	所有规模	挥发性有机物	$kg/10^4\ m^3$ 燃料	3.34×10^{-1}
			高炉煤气	所有规模	挥发性有机物	$kg/10^4\ m^3$ 燃料	1.53×10^{-1}
			炼油厂干气	所有规模	挥发性有机物	kg/t 燃料	2.90×10^{-1}
			转炉煤气	所有规模	挥发性有机物	$kg/10^4\ m^3$ 燃料	1.53×10^{-1}
			发生炉煤气	所有规模	挥发性有机物	$kg/10^4\ m^3$ 燃料	1.53×10^{-1}
			煤层气	所有规模	挥发性有机物	$kg/10^4\ m^3$ 燃料	5.26×10^{-1}
			液化石油气	所有规模	挥发性有机物	kg/t 燃料	3.16×10^{-1}
			其他燃料	所有规模	挥发性有机物	kg/t 标准煤	4.52×10^{-1}
		其他	天然气	所有规模	挥发性有机物	$kg/10^4\ m^3$ 燃料	1.68
			液化天然气	所有规模	挥发性有机物	kg/t 燃料	2.40×10^{-1}
			液化石油气	所有规模	挥发性有机物	kg/t 燃料	3.16×10^{-1}
			发生炉煤气	所有规模	挥发性有机物	$kg/10^4\ m^3$ 燃料	1.53×10^{-1}
			煤层气	所有规模	挥发性有机物	$kg/10^4\ m^3$ 燃料	5.26×10^{-1}
			焦炉煤气	所有规模	挥发性有机物	$kg/10^4\ m^3$ 燃料	3.34×10^{-1}
			高炉煤气	所有规模	挥发性有机物	$kg/10^4\ m^3$ 燃料	1.53×10^{-1}
			炼油厂干气	所有规模	挥发性有机物	kg/t 燃料	2.90×10^{-1}
			转炉煤气	所有规模	挥发性有机物	kg/t 燃料	1.53×10^{-1}
			其他燃料	所有规模	挥发性有机物	kg/t 标准煤	4.52×10^{-1}
	燃油锅炉	室燃炉	汽油	所有规模	挥发性有机物	kg/t 燃料	1.40×10^{-1}
			煤油	所有规模	挥发性有机物	kg/t 燃料	1.40×10^{-1}
			柴油	所有规模	挥发性有机物	kg/t 燃料	1.09×10^{-1}
			燃料油	所有规模	挥发性有机物	kg/t 燃料	1.36
			原油	所有规模	挥发性有机物	kg/t 燃料	1.40×10^{-1}
			其他燃料	所有规模	挥发性有机物	kg/t 标准煤	2.0×10^{-1}
		其他	汽油	所有规模	挥发性有机物	kg/t 燃料	1.40×10^{-1}
			煤油	所有规模	挥发性有机物	kg/t 燃料	1.40×10^{-1}
			柴油	所有规模	挥发性有机物	kg/t 燃料	1.09×10^{-1}
			燃料油	所有规模	挥发性有机物	kg/t 燃料	1.36
			原油	所有规模	挥发性有机物	kg/t 燃料	1.40×10^{-1}
			其他燃料	所有规模	挥发性有机物	kg/t 标准煤	2.0×10^{-1}
	生物质锅炉	层燃炉	生物燃料	所有规模	挥发性有机物	kg/t 标准煤	1.86×10^{-2}
		其他	生物燃料	所有规模	挥发性有机物	kg/t 标准煤	1.37×10^{-2}
	其他锅炉		城市生活垃圾	所有规模	挥发性有机物	kg/t 燃料	2.77×10^{-2}

表 3-12　燃烧烟气工业炉窑挥发性有机物产污系数（按照产品分类）

炉窑类型	燃料类别	规模等级	污染物指标	产品	单位	产污系数
熔炼炉	无烟煤 烟煤 褐煤 煤制品 焦炭 石油焦 煤矸石 天然气 液化天然气 焦炉煤气 高炉煤气 炼油厂干气 汽油 煤油 柴油 燃料油 生物燃料 城市生活垃圾	所有规模	挥发性有机物	金属铬	kg/t 产品	0
		所有规模	挥发性有机物	精炼铜	kg/t 产品	0
		所有规模	挥发性有机物	精锡	kg/t 产品	0
		所有规模	挥发性有机物	金属锑	kg/t 产品	0
		所有规模	挥发性有机物	铜镍合金	kg/t 产品	0
		所有规模	挥发性有机物	铝硅合金	kg/t 产品	0
		所有规模	挥发性有机物	铝镁合金	kg/t 产品	0
		所有规模	挥发性有机物	锡锑合金	kg/t 产品	0
		所有规模	挥发性有机物	铅锑合金	kg/t 产品	0
		所有规模	挥发性有机物	钛板材	kg/t 产品	0
		所有规模	挥发性有机物	钛钢板	kg/t 产品	0
		所有规模	挥发性有机物	钛型材	kg/t 产品	0
		所有规模	挥发性有机物	钛丝材	kg/t 产品	0
熔化炉		所有规模	挥发性有机物	锑白	kg/t 产品	0
		所有规模	挥发性有机物	铜锡合金（青铜）	kg/t 产品	0
		所有规模	挥发性有机物	铜锌合金（黄铜）	kg/t 产品	0
		所有规模	挥发性有机物	铜镍合金	kg/t 产品	0
		所有规模	挥发性有机物	铝硅合金	kg/t 产品	0
		所有规模	挥发性有机物	铝镁合金	kg/t 产品	0
		所有规模	挥发性有机物	锡铅合金	kg/t 产品	0
		所有规模	挥发性有机物	锡锑合金	kg/t 产品	0
		所有规模	挥发性有机物	铅锑合金	kg/t 产品	0
裂解炉		所有规模	挥发性有机物	乙烯	kg/t 产品	5.40×10^{-4}
		所有规模	挥发性有机物	烯烃	kg/t 产品	8.88×10^{-4}
电石炉		所有规模	挥发性有机物	电石	kg/t 产品	5.47×10^{-3}
煅烧炉		所有规模	挥发性有机物	金属铬	kg/t 产品	1.22×10^{-2}
		所有规模	挥发性有机物	硬质合金	kg/t 产品	2.42×10^{-2}
		所有规模	挥发性有机物	钨粉	kg/t 产品	0
		所有规模	挥发性有机物	碳化钨	kg/t 产品	0
		所有规模	挥发性有机物	球团矿	kg/t 产品	9.31×10^{-3}
		所有规模	挥发性有机物	粗镁	kg/t 产品	3.66×10^{-2}
		所有规模	挥发性有机物	熟料	kg/t 产品	4.15×10^{-2}
烧成窑		所有规模	挥发性有机物	陶瓷墙砖	kg/t 产品	2.02×10^{-3}
		所有规模	挥发性有机物	日用陶瓷（骨质瓷）	kg/t 产品	3.56×10^{-3}
		所有规模	挥发性有机物	烧成镁质砖	kg/t 产品	5.21×10^{-3}
		所有规模	挥发性有机物	烧成高铝、黏土、硅砖	kg/t 产品	5.21×10^{-3}
		所有规模	挥发性有机物	新型墙体保温材料	kg/t 产品	2.73×10^{-3}

炉窑类型	燃料类别	规模等级	污染物指标	产品	单位	产污系数
其他工业炉窑	无烟煤 烟煤 褐煤 煤制品 焦炭 石油焦 煤矸石 天然气 液化天然气 焦炉煤气 高炉煤气 炼油厂干气 汽油 煤油 柴油 燃料油 生物燃料 城市生活垃圾	所有规模	挥发性有机物	岩矿棉	kg/t 产品	3.38×10^{-3}
		所有规模	挥发性有机物	烧结矿	kg/t 产品	3.92×10^{-3}
		所有规模	挥发性有机物	球团矿	kg/t 产品	9.85×10^{-3}
		所有规模	挥发性有机物	氧化铝	kg/t 产品	1.01×10^{-3}
		所有规模	挥发性有机物	铝丝材	kg/t 产品	1.83×10^{-3}
		所有规模	挥发性有机物	铝条材	kg/t 产品	1.83×10^{-3}
		所有规模	挥发性有机物	铝棒材	kg/t 产品	1.83×10^{-3}
		所有规模	挥发性有机物	磁性材料	kg/t 产品	3.69×10^{-3}
		所有规模	挥发性有机物	化学木浆	kg/t 产品	5.30×10^{-3}
		所有规模	挥发性有机物	卫生陶瓷	kg/t 产品	4.04×10^{-3}
		所有规模	挥发性有机物	日用陶瓷	kg/t 产品	1.66×10^{-3}
		所有规模	挥发性有机物	直接还原铁	kg/t 产品	3.25×10^{-3}
		所有规模	挥发性有机物	煤矸石砖	kg/t 产品	3.25×10^{-3}
		所有规模	挥发性有机物	退火板卷	kg/t 产品	2.22×10^{-2}
		所有规模	挥发性有机物	镀层板卷	kg/t 产品	1.15×10^{-2}
		所有规模	挥发性有机物	冷轧无缝管	kg/t 产品	1.40×10^{-2}
		所有规模	挥发性有机物	冷拔线棒材	kg/t 产品	1.90×10^{-2}
		所有规模	挥发性有机物	焊接钢管	kg/t 产品	1.28×10^{-2}
		所有规模	挥发性有机物	含钒生铁	kg/t 产品	0
		所有规模	挥发性有机物	炼钢生铁	kg/t 产品	0
		所有规模	挥发性有机物	玻璃棉	kg/t 产品	3.38×10^{-3}
		所有规模	挥发性有机物	平板玻璃	kg/t 产品	3.38×10^{-3}
		所有规模	挥发性有机物	熟料	kg/t 产品	4.08×10^{-2}
		所有规模	挥发性有机物	高岭土	kg/t 产品	2.37×10^{-3}
		所有规模	挥发性有机物	氧化球团	kg/t 产品	3.22×10^{-2}
		所有规模	挥发性有机物	直接还原铁	kg/t 产品	2.46×10^{-2}
		所有规模	挥发性有机物	粗镁	kg/t 产品	2.78×10^{-2}
		所有规模	挥发性有机物	粗钢	kg/t 产品	3.18×10^{-3}

表 3-13　燃烧烟气工业炉窑挥发性有机物产污系数（按照燃料分类）

窑炉类型	燃料类型	规模等级	污染物指标	单位	产污系数
加热炉	原煤、一般烟煤、其他洗煤、无烟煤、褐煤、煤制品、焦炭、石油焦、煤矸石（用于燃料）	所有规模	挥发性有机物	kg/t 燃料	2.91×10^{-2}
	天然气、焦炉煤气、高炉煤气、转炉煤气、发生炉煤气、煤层气	所有规模	挥发性有机物	kg/10^4 m^3 燃料	1.83
	液化天然气	所有规模	挥发性有机物	kg/t 燃料	2.93×10^{-1}
	炼油厂干气、液化石油气	所有规模	挥发性有机物	kg/t 燃料	6.88×10^{-1}
	汽油、煤油、柴油、燃料油、原油	所有规模	挥发性有机物	kg/t 燃料	1.18×10^{-2}
	其他燃料	所有规模	挥发性有机物	kg/t 标准煤	1.77×10^{-2}

窑炉类型	燃料类型	规模等级	污染物指标	单位	产污系数
沸腾炉	原煤、炼焦烟煤、一般烟煤、洗精煤（用于炼焦）、其他洗煤、无烟煤、褐煤、煤制品、焦炭、石油焦	所有规模	挥发性有机物	kg/t 燃料	1.06×10^{-2}
	生物燃料	所有规模	挥发性有机物	kg/t 标准煤	1.06×10^{-2}
	天然气、焦炉煤气、高炉煤气、转炉煤气、发生炉煤气、煤层气	所有规模	挥发性有机物	kg/10^4 m^3 燃料	0
	液化天然气	所有规模	挥发性有机物	kg/t 燃料	0
	炼油厂干气、液化石油气	所有规模	挥发性有机物	kg/t 燃料	0
	汽油、煤油、柴油、燃料油、原油、石脑油、润滑油、溶剂油、石蜡、石油沥青	所有规模	挥发性有机物	kg/t 燃料	0
热处理炉	原煤、炼焦烟煤、一般烟煤、洗精煤（用于炼焦）、其他洗煤、无烟煤、褐煤、煤制品、焦炭、石油焦	所有规模	挥发性有机物	kg/t 燃料	7.13×10^{-3}
	生物燃料	所有规模	挥发性有机物	kg/t 标准煤	7.13×10^{-3}
	天然气、焦炉煤气、高炉煤气、转炉煤气、发生炉煤气、煤层气	所有规模	挥发性有机物	kg/10^4 m^3 燃料	5.68×10^{-1}
	炼油厂干气、液化石油气	所有规模	挥发性有机物	kg/t 燃料	6.88×10^{-1}
	液化天然气	所有规模	挥发性有机物	kg/t 燃料	1.10×10^{-1}
	汽油、煤油、柴油、燃料油、溶剂油	所有规模	挥发性有机物	kg/t 燃料	2.67×10^{-2}
干燥炉（窑）	原煤、炼焦烟煤、一般烟煤、其他洗煤、其他焦化产品、煤矸石（用于燃料）、无烟煤、褐煤、煤制品、焦炭、石油焦	所有规模	挥发性有机物	kg/t 燃料	3.60×10^{-2}
	生物燃料	所有规模	挥发性有机物	kg/t 标准煤	3.60×10^{-2}
	天然气、焦炉煤气、高炉煤气、转炉煤气、发生炉煤气、煤层气	所有规模	挥发性有机物	kg/10^4 m^3 燃料	5.73
	炼油厂干气、液化石油气	所有规模	挥发性有机物	kg/t 燃料	8.19×10^{-1}
	液化天然气	所有规模	挥发性有机物	kg/t 燃料	7.91×10^{-1}
	汽油、煤油、柴油、燃料油、溶剂油	所有规模	挥发性有机物	kg/t 燃料	1.40×10^{-1}
焚烧炉	原煤、炼焦烟煤、一般烟煤、无烟煤、褐煤	所有规模	挥发性有机物	kg/t 燃料	2.69×10^{-2}
	天然气、焦炉煤气、高炉煤气、转炉煤气、发生炉煤气、煤层气	所有规模	挥发性有机物	kg/10^4 m^3 燃料	2.34
	炼油厂干气、液化石油气	所有规模	挥发性有机物	kg/t 燃料	3.34×10^{-1}
	液化天然气	所有规模	挥发性有机物	kg/t 燃料	3.34×10^{-1}
	汽油、煤油、柴油、燃料油	所有规模	挥发性有机物	kg/t 燃料	2.87×10^{-2}
其他工业炉窑	原煤、炼焦烟煤、一般烟煤、洗精煤、其他洗煤、其他焦化产品、煤矸石（用于燃料）、无烟煤、褐煤、煤制品、焦炭、石油焦	所有规模	挥发性有机物	kg/t 燃料	2.91×10^{-2}

窑炉类型	燃料类型	规模等级	污染物指标	单位	产污系数
其他工业炉窑	天然气、焦炉煤气、高炉煤气、转炉煤气、发生炉煤气、煤层气	所有规模	挥发性有机物	$kg/10^4\ m^3$ 燃料	9.20×10^{-1}
	炼油厂干气、液化石油气	所有规模	挥发性有机物	kg/t 燃料	1.31×10^{-1}
	液化天然气	所有规模	挥发性有机物	kg/t 燃料	1.31×10^{-1}
	汽油、煤油、柴油、燃料油、原油、石脑油、润滑油、溶剂油、石蜡、石油沥青	所有规模	挥发性有机物	kg/t 燃料	1.40×10^{-1}

3.5 报告格式

燃烧烟气污染源 VOCs 排查工作结束后应编制排查报告。排查报告的格式及内容见表 3-14。

表 3-14 燃烧烟气 VOCs 污染源排查报告

排查项目	企业燃烧烟气 VOCs 污染源排查
排查单位	××公司
监测实施单位	××公司
报告编制单位	××公司
排查时间	××××年××月××日
监测时间	××××年××月××日
燃烧烟气污染源基本情况（填写模板）	企业有工艺装置××套，加热炉××个，使用燃料的种类；动力站××个，锅炉××台，使用燃料的种类；自备电站××个，内燃机及燃汽轮机××台，使用燃料的种类；炉窑××台，使用燃料（生产产品）的种类
燃烧烟气污染源 VOCs 排放估算结果及评估（填写模板）	企业××年度燃烧烟气污染源 VOCs 排放量约为××t
燃烧烟气污染源 VOCs 排放削减潜力分析（填写思路）	基于企业燃料使用种类和消耗量、达标排放情况，分析本企业燃料结构优化的潜力
备注	其他需要说明的事项

3.6 管理要求

对于燃煤锅炉，使用低挥发分的煤比高挥发分的煤更少排放 VOCs，因此，选择合适的煤种可减少 VOCs 排放量。

天然气中大部分为甲烷，而且燃烧能够得到很好地控制，因此，工厂中改变燃料的结构、更多地使用天然气，可减少 VOCs 排放量。

燃油锅炉或加热炉，推荐使用高效的雾化喷嘴，可提高燃烧效率，减少 VOCs 排放。

在点炉、操作不正常或其他完全燃烧受阻等条件下，未燃烧的可燃物排放量会急剧增大，可以达到正常排放的几个数量级。因此，保证加热炉、锅炉的正常操作至关重要，包括适当的过量空气系数、燃烧温度以及定期对燃烧器系统进行保养和维护等。

3.7 估算方法案例

3.7.1 实测法

案例一：使用 CEMS 计算燃烧烟气 VOCs 的排放量

某厂动力站锅炉使用炼油厂燃料气，CEMS 采集烟气流量和 NMHC 浓度，由 CEMS 计算出 NMHC 平均摩尔分数是 60 μmol/mol（标态、干基，以甲烷计），平均流量是 3 500 m^3/min（标态、干基），锅炉在 1 h 内连续稳定运行，计算该锅炉燃烧炼油厂燃料气的 NMHC 年排放量。

解：先计算 NMHC 小时排放速率

$$E_{燃烧烟气i}=\sum_{n=1}^{N}\left\{Q_n\times\left[1-\left(f_{H_2O}\right)_n\right]\times\left(\frac{T_o}{T_n}\right)\times\left(\frac{p_n}{p_o}\right)\times\left(C_i\right)_n\times\frac{MW_i}{MVC}\times H\times10^{-3}\right\}$$
$$=3\,500\times1\times1\times1\times60\times10^{-6}\times16\div22.4\times60\times10^{-3}$$
$$=0.009\,0\ \text{t/h}$$

如果锅炉 1 h 内只运行了 30 min，则其小时的排放量是

0.009 0 t/h×0.5=0.004 5 t/h

如果锅炉在全年内连续稳定运行，并且排放速率保持稳定，则年排放量为

0.009 0 t/h×8 760 h/a = 78.84 t/a

案例二：使用定期人工采样分析计算燃烧烟气 VOCs 的排放量

某装置加热炉燃烧烟气每月监测 1 次，计算年度内测量值的平均值，得到 NMHC 的平均质量浓度为 30 mg/m^3（标态、干基），烟气平均流量为 120 000 m^3/h（标态、干基），该加热炉全年为连续稳定运行，计算该加热炉燃烧烟气中 VOCs 年度排放量。

解：计算加热炉年度 VOCs 排放量

$$E_{燃烧烟气i}=\sum_{n=1}^{N}\left\{Q_n\times\left[1-\left(f_{H_2O}\right)_n\right]\times\left(\frac{T_o}{T_n}\right)\times\left(\frac{p_n}{p_o}\right)\times\left(C_i\right)_n\times H\times10^{-9}\right\}$$
$$=120\,000\times1\times1\times1\times30\times8\,760\times10^{-9}$$
$$=31.54\ \text{t/a}$$

3.7.2 *F* 系数法

案例三：使用 *F* 系数计算年度 VOCs 排放量（方法一）

某装置加热炉使用燃料气加热工艺液体，燃料气流量是 800 m^3/h，高位热值是 48 000 kJ/m^3。测量烟气中的 NMHC 摩尔分数是 20 μmol/mol（标态、干基，以甲烷计），O_2 体积分数是 6%（干基），该加热炉全年为连续稳定运行，计算该加热炉年度 VOCs 排放量。燃料气组成分析如下（体积分数）：

甲烷，0.44；丙烯，0.03；

乙烷，0.04；丁烷，0.17；

氢，0.06；丁烯，0.01；

乙烯，0.01；惰性组分，0.04；

丙烷，0.2。

解：查阅炼油厂燃料气常用组分的摩尔热值和摩尔烟气体积，计算 F_d 系数

$$F_d=10^3\times\left[\left(X_{CH_4}\times MEV_{CH_4}\right)+\left(X_{C_2H_6}\times MEV_{C_2H_6}\right)+\left(X_{H_2}\times MEV_{H_2}\right)+\right.$$
$$\left(X_{C_2H_4}\times MEV_{C_2H_4}\right)+\left(X_{C_3H_8}\times MEV_{C_3H_8}\right)+\left(X_{C_3H_6}\times MEV_{C_3H_6}\right)+$$
$$\left.\left(X_{C_4H_{10}}\times MEV_{C_4H_{10}}\right)+\left(X_{C_4H_8}\times MEV_{C_4H_8}\right)+\left(X_{惰性组分}\times MEV_{惰性组分}\right)\right]\div$$
$$\left[\left(X_{CH_4}\times MHC_{CH_4}\right)+\left(X_{C_2H_6}\times MHC_{C_2H_6}\right)+\left(X_{H_2}\times MHC_{H_2}\right)+\right.$$

$$\left(X_{C_2H_4}\times MHC_{C_2H_4}\right)+\left(X_{C_3H_8}\times MHC_{C_3H_8}\right)+\left(X_{C_3H_6}\times MHC_{C_3H_6}\right)+$$

$$\left(X_{C_4H_{10}}\times MHC_{C_4H_{10}}\right)+\left(X_{C_4H_8}\times MHC_{C_4H_8}\right)+\left(X_{惰性组分}\times MHC_{惰性组分}\right)\Big]$$

$$=10^3\times\big[(0.44\times0.19)+(0.04\times0.34)+(0.06\times0.042)+$$
$$(0.01\times0.30)+(0.2\times0.49)+(0.03\times0.45)+$$
$$(0.17\times0.64)+(0.01\times0.60)+(0.04\times0.022)\big]\div$$
$$\big[(0.44\times888.36)+(0.04\times1\,556.21)+(0.06\times283.81)+$$
$$(0.01\times1\,408.50)+(0.20\times2\,215.62)+(0.03\times2\,054.19)+$$
$$(0.17\times2\,866.59)+(0.01\times2\,698.83)+(0.04\times0)\big]$$
$$=10^3\times0.33\div1\,503.30$$
$$=0.22\ \ m^3/MJ$$

用 F_d 系数计算烟气流量

$$Q_n=10^{-3}\times F_d\times Q_f\times HHV\times\frac{20.9}{20.9-O_2}$$
$$=10^{-3}\times0.22\times800\times48\,000\times\frac{20.9}{20.9-6}$$
$$=11\,849.879\ m^3/h$$

用测得的烟气中的NMHC浓度，计算年度VOCs排放量

$$E_{燃烧烟气i}=\sum_{n=1}^{N}\left\{Q_n\times\left[1-\left(f_{H_2O}\right)_n\right]\times\left(\frac{T_o}{T_n}\right)\times\left(\frac{p_n}{p_o}\right)\times\left(C_i\right)_n\times\frac{MW_i}{MVC}\times H\times10^{-3}\right\}$$
$$=11\,849.879\times1\times1\times1\times20\times10^{-6}\times16\div22.4\times8\,760\times10^{-3}$$
$$=1.483\ \ t/a$$

案例四：使用 F 系数计算年度VOCs排放量（方法二）

假设与案例三的条件相同，计算得 F_d 系数为0.22 m^3/MJ，使用方法二计算加热炉年度VOCs排放量。

解：将测得的NMHC摩尔分数20 μmol/mol（标态、干基，以甲烷计）换算为质量浓度 C_d

$$C_d=20\times\frac{16}{22.4}=14.286\ mg/m^3$$

计算基于热值的排放系数

$$\begin{aligned}\mathrm{EF}_i &= C_\mathrm{d} \times F_\mathrm{d} \times \frac{20.9}{20.9-\mathrm{O}_2} \times 10^{-6} \\ &= 14.286 \times 0.22 \times \frac{20.9}{20.9-6} \times 10^{-6} \\ &= 4.408 \times 10^{-6}\ \mathrm{kg/MJ}\end{aligned}$$

计算年度 VOCs 排放量

$$\begin{aligned}E_{燃烧烟气 i} &= \mathrm{EF}_i \times Q_\mathrm{f} \times \mathrm{HHV} \times H \times 10^{-6} \\ &= 4.408 \times 10^{-6} \times 800 \times 48\,000 \times 8\,760 \times 10^{-6} \\ &= 1.483\ \mathrm{t/a}\end{aligned}$$

3.7.3 排放系数法

案例五：使用排放系数法计算燃烧烟气 VOCs 排放量

某燃煤锅炉为 130 t 循环流化床锅炉，消耗烟煤 17.85 t/h，锅炉年运行时间 8 760 h，核算该锅炉燃烧烟气中 VOCs 年度排放量。

解：查阅《第二次全国污染源普查产排污系数手册》，得燃煤锅炉吨煤排放 VOCs 为 1.188×10^{-2} kg，计算年度锅炉燃烧烟气中 VOCs 排放量为

$$\begin{aligned}E_{燃烧烟气 i} &= Q_\mathrm{fuel} \times \mathrm{EF}_i \times H \times 10^{-3} \\ &= 17.85 \times 1.188 \times 10^{-2} \times 8\,760 \times 10^{-3} \\ &= 1.86\ \mathrm{t/a}\end{aligned}$$

4 工艺过程 VOCs 有组织排放

4.1 概述

工艺过程 VOCs 有组织排放污染源是指工业企业在生产过程中采用密闭的设备或工艺，除燃烧烟气排放、敞开液面 VOCs 逸散过程排放、挥发性有机液体储罐排放、挥发性有机液体装载排放和火炬排放源项外通过排气筒或放空口排放 VOCs 污染物的工艺过程或设备，属于固定点源，其 VOCs 的排放受生产工艺过程的操作形式（间歇式、连续式）、工艺条件、物料性质影响。其中，密闭是指除存在合规的设备动静密封和有组织 VOCs 排放外，不存在其他形式的无组织 VOCs 排放设备或是采用一种或多种措施避免设备内物料与空气直接或间接接触。

直接接触是指气体、液体、固体物料直接暴露在大气中；间接接触是指气体、液体、固体物料通过设备的各种开口、孔道或者呼吸与大气再接触的情形。密闭设备、密闭工艺是指设备或工艺在正常操作过程中，含 VOCs 的原料、中间产品、产品等物料与空气隔绝或不与空气直接接触的过程控制措施的统称。正常操作指为实现设备或工艺日常目标的操作，除检修、维修等非正常工况。

本章主要介绍工艺过程 VOCs 有组织排放污染源排查的范围、工作流程、源项解析、现场监测、管理要求、VOCs 排放估算方法及案例。工艺过程有组织污染源 VOCs 排放量的估算方法通常为实测法，也可以根据具体的装置或操作过程采用物料衡算法。针对某类特殊的操作过程，当无法使用实测法和物料衡算法时，可参考《第二次全国污染源普查产排污系数手册》、USEPA 污染物排放系数文件（AP-42）中的排放系数进行排放估算。

工业企业由于其目标产品不同，工厂内工艺装置的配置也不尽相同，而且各工艺装置因其采用的工艺技术不同，其污染物排放特征也不完全一致。因此，对于工艺过程有组织排放污染源的排查应详细分析每一种工艺的生产过程，识别 VOCs 排放环节，使用合适的估算方法估算每个环节的 VOCs 排放量，为我们制订有针对性的污染物排放控制措施、减少 VOCs 排放量提供有力的帮助。工业企业部分工艺过程 VOCs 有组织排放污染源可参考工艺过程 VOCs 无组织排放污染源的介绍，本书旨在说明污染源的辨识过程，并没有涵盖所有的工业企业工艺装置及工艺技术，在实际工作中应根据具体的工艺装置及采用的工艺技术开展有针对性的分析和排查工作。

4.2 排查工作流程

工艺过程 VOCs 有组织排放污染源排查的范围包括工业企业工厂内在役的生产装置。工作流程包括资料收集、源项解析、统计核算、格式报表四部分，具体工作流程见图 4-1。

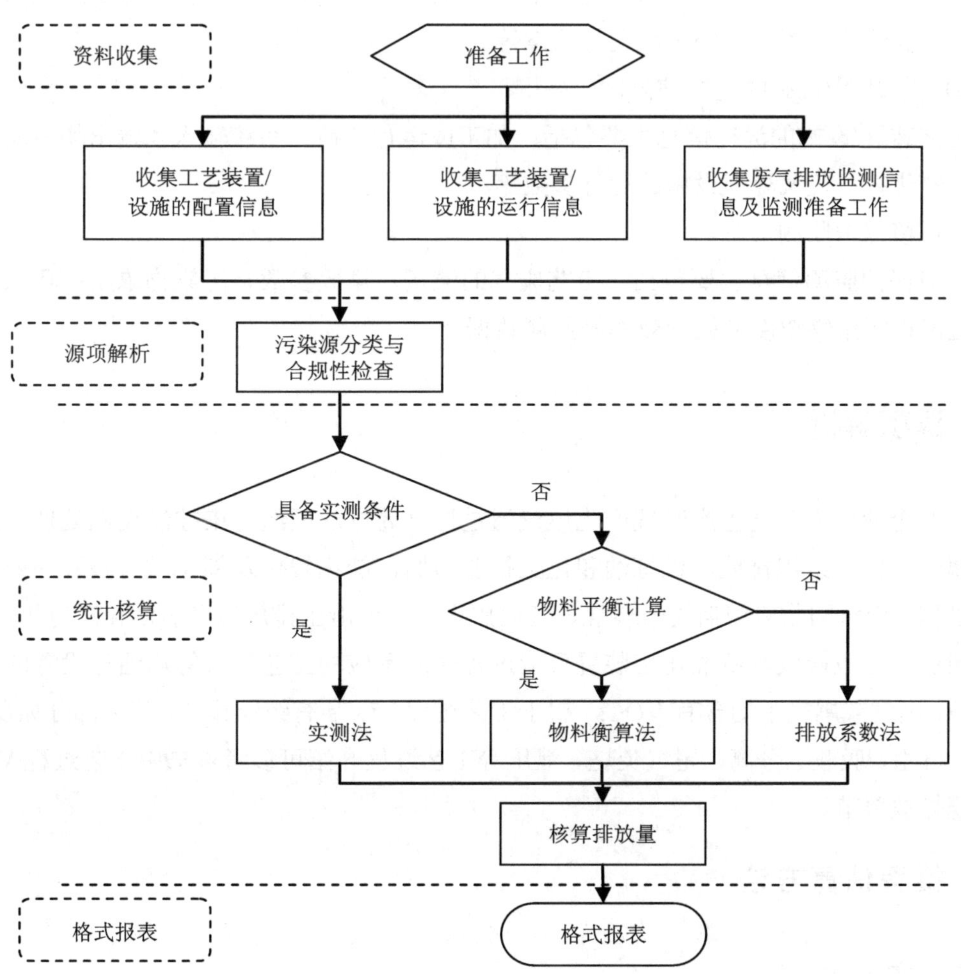

图 4-1 工艺过程 VOCs 有组织排放污染源排查工作流程

4.3 资料收集

工艺过程VOCs有组织排放污染源排查收集的技术资料主要包括工艺装置/设施的配置信息、运行信息、环境保护监测信息等。根据收集到的工业企业工艺装置的配置信息、加工规模、加工过程或生产方法、开停工或运行状态、环保设施配置、运行参数和排放监测数据等，全面梳理、筛查工艺过程有组织排放污染源的种类、数量、排放强度、达标排放情况，最后完成统计核算和数据上报工作（见表4-1至表4-3）。

①工艺装置/设施的配置信息。

工艺装置/设施的配置信息主要包括：工艺装置的配置、设计规模、加工过程或生产方法、环保设施配置、开停工或运行状态等。

②工艺装置/设施的运行信息。

工艺装置/设施的运行信息主要包括：加工或运行负荷；系统输入和输出物料流量、组成、转化率；废气处理设施的运行参数等。

③环境保护监测信息。

环境保护监测信息主要包括：工艺废气的流量、排放参数、污染物浓度；环保治理设施进出口污染物浓度、处理效率等监测数据。

4.4 源项解析

工业企业厂内工艺生产装置产生尾气通过排气筒排放或经污染控制设施处理后的排放，属于工艺有组织排放。以炼油和化工行业为例，催化裂化及催化重整装置的催化剂再生过程、硫黄回收克劳斯尾气焚烧、延迟焦化切焦前泄压排放以及石油化工有机产品、合成树脂、合成橡胶等石油化工装置反应过程中未反应的工艺尾气等均通过设置的排放口排放，废气或尾气中均含有VOCs，属于工艺过程VOCs有组织排放，其中部分如反应、蒸馏、再生、吸收、分离、尾气焚烧、泄压等工艺过程介绍可参考本书中工艺过程VOCs无组织排放章节。

4.5 推荐估算方法

4.5.1 实测法

实测法是基于对工艺废气的流量和废气中污染物的浓度进行实测的估算方法，测量方法有连续的在线监测（CEMS）和定期的人工采样分析。

表 4-1 工艺过程 VOCs 有组织排放污染源排放数据（实测法）

序号	装置名称	装置规模/（t/a）	排放口名称	运行负荷/%	年运行时间/h	处理设施名称	处理设施规模/（m^3/h）	处理设施投运率/%	废气监测数据							
									废气流量/（m^3/h）	温度/℃	压力/Pa	水含量/%（体积分数）	氧含量/%（体积分数）	CO 含量/%（体积分数）	处理设施入口 VOCs 质量浓度/（mg/m^3）	处理设施出口 VOCs 质量浓度/（mg/m^3）

注：1. 如果烟气流量已换算成标态、干基流量，则废气的温度填 0℃、压力填 101.325 kPa、水含量填 0%；
2. 如果 VOCs 质量浓度为标态、干基质量浓度且出口质量浓度已经换算成基准氧含量，则氧含量填基准含氧量。

表 4-2 工艺过程 VOCs 有组织排放污染源排放数据（物料衡算法）

序号	装置名称	装置规模/（t/a）	年运行时间/h	系统输入 VOCs 量/（t/h）				系统输出 VOCs 量/（t/h）					处理设施规模/（m^3/h）	处理设施效率/%	处理设施投运率/%
				原料带入量	各类助剂带入量	化学药剂带入量	其他环节带入量	产品带出量	副产品带出量	废水带出量	固废带出量	其他环节带出量			

表 4-3 延迟焦化装置焦炭塔冷焦过程 VOCs 排放数据（排放系数法）

序号	装置名称	装置规模/（10^4 t/a）	年运行时间/h	焦炭塔冷焦循环周期/（h/次）	焦炭塔冷焦循环周期内焦炭塔的个数/个

4.5.1.1 估算方法

（1）基于 CEMS 的方法

工业企业生产装置若是连续加工过程，通常在排放量较大的污染源排气筒上安装 CEMS。CEMS 每小时内可连续测量多个流量和污染物的浓度，利用 CEMS 进行污染物排放估算的方法见式（4-1）。

$$E_{工艺有组织废气i}=\sum_{n=1}^{N}\left\{Q_n\times\left[1-\left(f_{H_2O}\right)_n\right]\times\left(\frac{T_o}{T_n}\right)\times\left(\frac{p_n}{p_o}\right)\times\left(C_i\right)_n\times\frac{MW_i}{MVC}\times H\times10^{-3}\right\} \tag{4-1}$$

式中：$E_{工艺有组织废气i}$ —— 工艺有组织废气中污染物 i 的排放量，t/a；

N —— 每年测量次数(例如，如果 CEMS 每 15 min 记录 1 次测量值，那么 N=35 040)；

n —— 测量编号，第 n 次测量；

Q_n —— 第 n 次测量时工艺废气的流量（湿基），m^3/min；

$(f_{H_2O})_n$ ——第 n 次测量时工艺废气的含水量，体积分数；

T_o —— 标准状态下的温度，为 273.15 K；

T_n —— 第 n 次测量时的温度，K；

p_n —— 第 n 次测量时的平均压力，kPa；

p_o —— 标准状态下的平均压力，为 101.325 kPa；

$(C_i)_n$ —— 第 n 次测量时工艺废气中污染物 i 的浓度（干基、标态），体积分数；

MW_i —— 污染物 i 的摩尔质量，kg/kmol；

MVC —— 摩尔体积转换系数，为 22.4 m^3/kmol（标态）；

H —— 两次测量之间间隔的时长，min。

使用公式时需要注意以下几个方面的问题：

①污染物 i 的含义。污染物 i 既可代表单一物质，又可代表混合物，取决于采用的监测方法，如监测废气中非甲烷总烃的浓度或者监测单一物种 VOC 的浓度。当监测单一物种 VOC 的浓度时，VOCs 排放量应为每一种 VOC 排放量的加和。

②小时排放速率的计算。如果 CEMS 连续监测并在 1 h 内得到多个检测值时，废气中污染物的小时排放速率可以通过两种方法进行计算：一种方法是用废气的平均流量和污染物的平均浓度计算小时平均排放速率；另一种方法是用每次计算的速率相加得出小时排放速率。对于连续的、排放稳定的排放源，通常采用第一种方法计算小时平均排放速率；对于排放不稳定的排放源，如在 1 h 内测量数据变化较大的，可采用第二种方法计算小时排放速率，这样更接近实际情况。

③流量与浓度的测量基准应统一。一般情况下，浓度的测量结果以干基、标态表示，流量的测量结果以湿基表示。如果流量计能将湿基流量自动修正为干基流量，那么转换

系数$\left[1-\left(f_{H_2O}\right)_n\right]$为 1，否则应进行转换。如果流量计能将测试温度和压力下的流量自动修正为标态下的流量，那么转换系数$\left(\frac{T_o}{T_n}\right)\times\left(\frac{p_n}{p_o}\right)$为 1，否则应根据$\left(\frac{T_o}{T_n}\right)\times\left(\frac{p_n}{p_o}\right)$的结果进行转换。

（2）基于定期人工采样分析的估算方法

定期人工采样分析是利用色谱法测量工艺废气中非甲烷总烃的质量浓度（以碳计），采用式（4-2）计算 VOCs 排放量：

$$E_{工艺有组织废气i}=\sum_{n=1}^{N}\left\{Q_n\times\left[1-\left(f_{H_2O}\right)_n\right]\times\left(\frac{T_o}{T_n}\right)\times\left(\frac{p_n}{p_o}\right)\times\left(C_i\right)_n\times H\times 10^{-9}\right\} \tag{4-2}$$

式中：$E_{工艺有组织废气i}$—— 工艺有组织废气中污染物 i 的排放量，t/a；

N—— 每年测量次数（例如，如果每月测量 1 次，那么 N=12）；

n—— 测量编号，第 n 次测量；

Q_n—— 第 n 次测量时工艺废气的流量（湿基），m^3/h；

$(f_{H_2O})_n$——第 n 次测量时工艺废气的含水量，体积分数；

T_o—— 标准状态下的温度，为 273.15 K；

T_n—— 第 n 次测量时的温度，K；

p_n—— 第 n 次测量时的平均压力，kPa；

p_o—— 标准状态下的平均压力，为 101.325 kPa；

$(C_i)_n$—— 第 n 次测量时工艺废气中污染物 i 的质量浓度，mg/m^3（干基、标态）；

H—— 两次测量之间间隔的时长，h。

当废气流量和污染物浓度测量的基准均为干基、标准状态时，式（4-2）可简化为式（4-3）。

$$E_{工艺有组织废气i}=\sum_{n=1}^{N}\left[Q_n\times\left(C_i\right)_n\times H\times 10^{-9}\right] \tag{4-3}$$

4.5.1.2　所需基础数据

实测法所需要的基础数据包括工艺废气的流量、污染物或非甲烷总烃的浓度以及与检测系统有关的废气的温度、压力和含水量。

4.5.2　物料衡算法

物料衡算法是以质量守恒定律为基础，对某装置或生产过程中工艺废气 VOCs 排放量的估算方法。采用物料衡算法估算 VOCs 排放量时，需要分析生产工艺过程、物料组成、产品（副产品）转化率、污染物控制指标等基本运行参数。

4.5.2.1 估算方法

$$E_{\text{工艺有组织废气}i}=\left[\sum_{j=1}^{J}\left(W_{\text{输入}i}\right)_j-\sum_{k=1}^{K}\left(W_{\text{输出}i}\right)_k\right]\times(1-\eta_1\times\eta_2) \tag{4-4}$$

式中：$E_{\text{工艺有组织废气}i}$——工艺有组织废气中污染物 i 的排放量，t/a；

J——污染物 i 输入的环节个数，如原料输入、各类助剂带入等；

j——污染物 i 输入的第 j 个环节；

$W_{\text{输入}i}$——系统中污染物 i 输入的量，t/a；

K——污染物 i 输出的环节个数，如产品、副产品、废水、固废带出等；

k——污染物 i 输出的第 k 个环节；

$W_{\text{输出}i}$——系统中污染物 i 输出的量，t/a；

η_1——污染物 i 的回收或去除效率，%；

η_2——回收或去除装置的投运率，%。

4.5.2.2 所需基础数据

物料衡算法所需要的基础数据包括装置（单元、设备）投入物料（VOCs）量、产品及副产品（VOCs）量、废水及固体废物（VOCs）量等，设施年操作时间、处理设施（冷凝、吸附、吸收、焚烧等）的处理效率及投运率等。

4.5.3 排放系数法

4.5.3.1 石油炼制行业

排放系数法适用于延迟焦化装置冷焦将近结束，打开工艺排放口（放空阀）使焦炭塔降至常压过程的VOCs排放估算。

（1）估算方法

$$E_{\text{焦炭塔}i}=\frac{H}{T}\times \text{EF}_i\times N \tag{4-5}$$

式中：$E_{\text{焦炭塔}i}$——第 i 个延迟焦化装置焦炭塔VOCs排放量，t/a；

H——延迟焦化装置运行时间，h/a；

T——焦炭塔切焦周期，h/次；

EF_i——排放系数，每次切焦时1个焦炭塔排放VOCs的量，2.59×10^{-2}t/（单塔·每次循环）；

N——每次切焦时焦炭塔的个数，个。

（2）基础数据

排放系数法所需基础数据包括延迟焦化装置的年运行时间、切焦周期、每次切焦时焦炭塔的个数，VOCs排放系数等。VOCs排放系数取值见表4-4。

表 4-4 延迟焦化装置有组织污染源 VOCs 排放系数

装置	工艺过程	排放系数/［t/（单塔·每次循环）］
延迟焦化	冷焦后期工艺放空	2.59×10^{-2}

注：VOCs 以丙烷计。

4.5.3.2 有机化工行业

（1）估算方法

$$E_{工艺i}=\sum_{i=1}^{n}\left(\mathrm{EF}_i\times Q_i\right) \tag{4-6}$$

式中：$E_{工艺i}$—— 排放源 i 的工艺废气 VOCs 产生量，t/a；

Q_i—— 排放源 i 的产品产量，t/a；

EF_i—— 排放源 i 的单位产品产量的排放系数。

（2）基础数据

排放系数法所需基础数据包括产品产量等。有机化工行业部分 VOCs 排放系数见表 4-5 至表 4-19。

表 4-5 碳黑生产工艺中化学物质的排放系数[a]

工艺	非甲烷有机化合物[b]排放系数/（t/t）
主工艺通风	0.05[c]（0.01～0.159）
燃烧	1.85×10^{-3}（1.7×10^{-3}～2×10^{-3}）
CO 锅炉和焚烧炉	9.9×10^{-4}
石油储罐通风[d]（无污染控制设施）	7.2×10^{-4}
固体废物焚烧炉[e]	1×10^{-5}

注：[a]根据单位质量的碳黑产品计算出排放物的质量。大多数工厂采用袋式除尘器对所有工艺过程进行产品回收，但固体废物的焚烧过程除外。一些工厂会在至少一个工艺过程上使用洗涤器。

[b]排放系数不包括有机硫化物。

[c]取代表性工厂的 6 组样品的平均值，平均产量为 5.6×10 t/a。数据范围基于 15 家工厂的调查，采用袋式除尘器。

[d]储罐化学损耗的排放系数的计算采用经验拟合公式（蒸汽压为 0.7 kPa），排放物主要是芳烃油类。

[e]基于国家排放数据系统中的排放速率，所有工厂均未使用固体废物焚烧炉。

表 4-6 生产己二酸的主要和次要氧化过程中的未经污染控制的排放系数

来源		非甲烷有机化合物排放系数/（t/t）
主要氧化过程（环己烷→酮-醇混合物）	高压洗涤器	7.0×10^{-3}
	低压洗涤器	1.4×10^{-3}
次要氧化过程（酮-醇混合物→己二酸）	氧化反应器	2.8×10^{-4}
	硝酸储罐烟雾清除	7×10^{-6}
	己二酸精制[a]	3×10^{-4}

注：[a]包括冷却、结晶和离心等过程。

表 4-7 TNT 露天焚烧的排放系数[a]

爆炸物类型	非甲烷有机化合物排放系数/（t/t）
TNT	5.5×10^{-4}

注：[a]燃烧采用极少量的 TNT，模拟露天焚烧的条件设计试验装置。因为试验不可能完全切合真实的露天焚烧，表中数据谨慎取用。

表 4-8 油漆和清漆生产中未经污染控制的排放系数[a]

产品类型	非甲烷有机化合物[b]排放系数/（t/t）
油漆	0.015
基础油	0.02
含油树脂	0.075
醇酸树脂	0.08
丙烯酸	0.01

注：[a]焚烧炉能减少 99%VOCs 的排放。

[b]未定义有机化合物的组分取决于油漆和清漆生产过程中选用的溶剂类型。

表 4-9 邻苯二甲酸酐的排放系数

工艺过程	非甲烷有机化合物排放系数/（t/t）
邻二甲苯氧化工艺——蒸馏单元	
无污染控制设施	1.2×10^{-3}
洗涤器和热焚烧炉	$<1\times10^{-4}$
热焚烧炉	$<1\times10^{-4}$
萘氧化工艺[a]——蒸馏单元	
无污染控制设施	5×10^{-3} [b, c]
热焚烧炉	1×10^{-4}
洗涤器	$<1\times10^{-4}$

注：[a]包含邻苯二甲酸酐、顺丁烯二酸酐和苯甲酸。

[b]通常为蒸气，但在低温下为颗粒物。

[c]包含邻苯二甲酸酐、顺丁烯二酸酐和萘醌。

表 4-10 塑料 PET/DMT 工艺过程的排放系数

排放环节	非甲烷有机化合物[a]排放系数/（t/t）
原料存储罐	1×10^{-4}
甲醇回收系统	3×10^{-4} [b]
回收的甲醇存储罐	9×10^{-5} [c]
预聚合反应器真空系统	9×10^{-6}
聚合反应器真空系统	5×10^{-6}
冷却塔[d]	2×10^{-4} 3.4×10^{-3}
乙二醇工艺罐	9×10^{-7}
乙二醇回收冷凝器	1×10^{-5}
乙二醇回收真空系统	5×10^{-7}

排放环节	非甲烷有机化合物[a]排放系数/（t/t）
油泥存储及装填	2×10^{-5}
汇总	7.3×10^{-4} [e] 3.9×10^{-3} [f]

注：[a]作为常规工业的经济性行为，广泛采用冷凝器和其他回收设备的排放速率。

[b]对于间歇式 PET 生产工艺，估算为 0.15 gVOC/kg 产品。

[c]采用冷冻冷凝器的数值。

[d]基于两个 PET/TPA 生产工厂的乙二醇浓度值。较小的数值是预聚合反应器和聚合反应器后部设置喷淋冷凝器的排放物估值；较大的数值则是未设置该装置的排放物估值。因为涉及诸多变量，对所有冷却塔需推荐专用的计算公式。以下计算公式可用于估算冷却塔的风力排放量：

$$E=\left[EG_{wt\%}\times CT_{cr}\times60\times WR\right]\times\left[\left(4.2\times EG_{wt\%}\right)+\left(3.78\times H_2O_{wt\%}\right)\right]$$

式中：E —— VOC 排放质量，kg/h；

$EG_{wt\%}$ —— 乙二醇浓度，%（质量分数）；

60 —— min/h；

CT_{cr} —— 冷却塔循环速率，gal/min［1 gal（美）=3.785 412 L］；

WR —— 风速，%；

4.2 —— 乙二醇密度，kg/gal；

3.78 —— 水密度，kg/gal；

$H_2O_{wt\%}$ —— 水浓度，%（质量分数）。

例如：冷却塔的 VOC 排放中，乙二醇浓度质量分数 8.95%，水浓度质量分数 91.05%，冷却塔循环速率 1 270 gal/min，风速 0.03%，计算如下：

$$E=[0.089\,5\times1\,270\times60\times0.000\,3]\times[(4.2\times0.089\,5)+(3.78\times0.910\,5)]=7.8\ \text{kg/h}$$

[e]所有的预聚合反应器和聚合反应器后部均设置喷淋冷凝器。

[f]所有的预聚合反应器和聚合反应器后部均未设置喷淋冷凝器。

表 4-11　塑料 PET/TPA 工艺过程的排放系数

排放环节	非甲烷有机化合物[a]排放系数/（t/t）
原料存储罐	1×10^{-4} [b]
酯化反应	4×10^{-5} [c]
预聚合反应器真空系统	9×10^{-6} [b]
聚合反应器真空系统	5×10^{-6} [b]
冷却塔[d]	2×10^{-4} 3.4×10^{-3}
乙二醇工艺罐	9×10^{-7} [b]
乙二醇回收真空系统	5×10^{-7} [b]
汇总	3.6×10^{-4} [e] 3.6×10^{-3} [f]

注：[a]作为常规工业的经济性行为，广泛采用冷凝器和其他回收设备的排放速率。

[b]假设工艺和 DMT 工艺相同。

[c]有些工厂会控制第一级酯化冷凝器和第二级冷凝器的通风。在这些工厂中，若设置第二级冷凝器排放量为 0.000 8 gVOC/kg 产品；若不设置第二级，排放量则为 0.037 gVOC/kg 产品。

[d]基于两个 PET/TPA 生产工厂的乙二醇浓度值。较小的数值是预聚合反应器和聚合反应器后部设置喷淋冷凝器的排放物估值；较大的数值则是未设置该装置的排放物估值。因为涉及诸多变量，对所有冷却塔需推荐专用的计算公式。

[e]所有的预聚合反应器和聚合反应器后部均设置喷淋冷凝器。

[f]所有的预聚合反应器和聚合反应器后部均未设置喷淋冷凝器。

表 4-12 聚苯乙烯的间歇工艺过程的排放系数

排放环节	非甲烷有机化合物排放系数/（t/t）
单体存储和原料溶解装置	9×10^{-5} [a]
反应器排气筒的排气	1.2×10^{-4}～1.35×10^{-3} [b]
脱挥装置冷凝器的排气	2.5×10^{-4}～7.5×10^{-4} [b]
脱挥装置冷凝储罐	2×10^{-6} [a]
挤压机急冷的排气	1.5×10^{-4}～3×10^{-4} [b]
汇总	6×10^{-4}～2.5×10^{-3}

注：[a] 基于固定顶的设计。

[b] 小分子量产品的生产过程选用较大的数值。对于给定的工艺生产线，排放系数会随产品等级不同而变化。

表 4-13 聚苯乙烯的连续工艺过程的排放系数

排放环节	非甲烷有机化合物排放系数/（t/t）	
	未处理	处理后
苯乙烯单体存储	8×10^{-5}	
添加剂 普通用途 高抗冲	 2×10^{-6} 1×10^{-6}	
乙苯存储	1×10^{-6}	
溶解器	8×10^{-6}	
脱挥装置冷凝器排气 [a]	9×10^{-5} [b] 2.96×10^{-3} [d]	4×10^{-5} [c]
苯乙烯回收单元冷凝器排气	5×10^{-5} [b] 1.3×10^{-4} [d]	
脱挥装置冷凝器与苯乙烯回收单元冷凝器的混合排气	2.4×10^{-5}～3×10^{-4} [e]	4×10^{-6} [f]
挤压机急冷排气	1×10^{-5} [c] 1.5×10^{-4} [d, f, g]	
一般用途	8×10^{-6}	
高抗冲	7×10^{-6}	
汇总	2.1×10^{-4} [b] 3.34×10^{-3} [d]	

注：[a] 大型工厂可能会将该物流送至苯乙烯回收单元，小型工厂会认为该操作费用过高。

[b] 适用于设置真空泵的工厂。

[c] 冷凝器设置在主工艺冷凝器的下游；包含溶解器的排放物。工厂采用真空泵。

[d] 适用于蒸汽喷射器的工厂。

[e] 较小的数值适用于选用冷冻式冷凝器、常规冷却水热交换器和真空泵的设施；较大的数值则适用于选用真空泵的设施。

[f] 工厂设置有机物洗涤器来降低排放量。不可溶有机物则作为燃料烧掉。

[g] 该值因整体工艺不同差异较大。相关文献指出，工艺设计为“最低排放物”的工厂的排放系数为 0.001 2 gVOC/kg 产品。

表 4-14 可发性聚苯乙烯原位工艺的排放系数

排放环节	非甲烷有机化合物排放系数/（t/t）
混合釜排气	1.3×10^{-4}
反应器排气	1.09×10^{-3}[a]
贮留罐排气	5.3×10^{-5}
洗涤塔排气	2.3×10^{-5}
干燥器排气	2.77×10^{-3}[a]
产品改性排气	8×10^{-6}
存储排气和输运损失	1.3×10^{-3}
汇总	5.37×10^{-3}[b]

注：[a]所有反应器和部分干燥器的排气通过锅炉处理。该值为处理前数据。

[b]工厂中，所有反应器和部分干燥器的排气通过锅炉处理（假设 99%被还原处理），总排放速率估算为 3.75。

表 4-15 印刷油墨制造过程的排放系数

工艺类型	非甲烷有机化合物[a]排放系数/（t/t）
常规	0.06
油类	0.02
油基树脂	0.075
醇酸树脂	0.08

注：[a]非甲烷有机化合物排放物为挥发性媒介物组分、蒸煮分解产物和油墨溶剂等。

表 4-16 人造纤维制造过程的排放系数[a]

纤维类型	非甲烷有机化合物[b]排放系数/（t/t）
醋酸纤维素，过滤长丝	0.056[c]
醋酸纤维素和三醋酸纤维，长丝纱	0.099 5[c,d]
短纤维（短丝）	3×10^{-4}[e,f]
纱线[k]	2.5×10^{-5}[e,f]
未处理	0.02
经处理	0.016[g]
改性腈纶（干式纺丝法）	0.062 5[f,h]
腈纶和改性腈纶（湿式纺丝法）	3.375×10^{-3}[i]
均聚物	0.010 35[f,j]
共聚物	1.375×10^{-3}[f,k]
短纤维（短丝）	1.965×10^{-3}[f]
纱线	2.25×10^{-4}[l]
未处理	1.065×10^{-3}[e,m]
经处理	1.55×10^{-4}[e,n]
聚烯烃纤维（熔融纺丝法）	2.5×10^{-3}[f]

纤维类型	非甲烷有机化合物[b]排放系数/（t/t）
氨纶（干式纺丝法）	2.115×10^{-3} [g]
氨纶（反应纺丝法）	0.069 [o]
聚乙烯塑料（干式纺丝法）	0.075 [g]

注：[a]排放系数数值无量纲，包括纤维废料。

[b]未处理过的二硫化碳（CS_2）排放物为 125.5 kgCS_2/500 Mg 纤维纺丝；未处理过的硫化氢（H_2S）排放物为 25.2 kgH_2S/500 Mg 纤维纺丝。如果用“热浸法”回收 CS_2，则 CS_2 的排放可降低约 16%。

[c]从喷丝室和干燥器回收之后数据。如使用更多的回收系统，排放可降低 40%，甚至更多。

[d]使用氯甲烷和甲醇为溶剂，而不选用丙酮，三醋酸纤维生产中的排放量会加倍。

[e]以气溶胶形式排放。

[f]未经处理的数值。

[g]纺丝单元回收之后数值。

[h]在挤压零件清洗操作处理之后数值。

[i]纺丝、水洗、拉伸过程的溶剂回收之后数值。排放系数包括丙烯腈的排放。据报道，排放系数为 8.7×10^{-5}。

[j]平均排放系数；数值范围是 6.95～13.85 kg。

[k]平均排放系数；数值范围是 1.02～8.2 kg。

[l]纺丝单元排放物回收之后数值。如不进行回收处理，排放系数则为 0.695 kg。

[m]间歇和连续聚合过程中生产纱线的平均值，范围为 0.25～2.45 kg。对于生产丝束或短纤维的工厂，该数值则加 0.05 kg。连续聚合反应过程的平均排放速率约为 170%，间歇聚合反应过程的平均排放速率约为 80%。

[n]在批处理和连续聚合反应工艺生产纱线的工厂中，纺丝单元处理之后的数值，范围为 0.05～0.3 kg。对于生产丝束或短纤维的工厂，该数值则加 0.1 kg；对于仅仅采用连续聚合法的工厂，处理后的平均排放系数加倍；而对于仅仅采用间歇聚合法的工厂，该数值则减去 0.005 kg。

[o]通过纺丝单元和后-纺丝操作的碳吸附过程回收之后的数值。平均捕集效率为 83%。而超过 18 个月以后，碳吸附的捕集效率会从 95%下降至 63%。

表 4-17 苯乙烯-丁二烯共聚物乳液生产过程的排放系数[a]

工艺过程	VOC[b]排放系数/（t/t）
单体回收系统，未处理	2.6×10^{-3}
吸收器通风	2.6×10^{-4}
混合/凝结釜，未处理	4.2×10^{-4}
干燥器	2.51×10^{-3}
单体脱除冷凝器通风	8.45×10^{-3}
混合釜，未处理	1×10^{-4}

注：[a]非甲烷有机化合物排放物，主要是苯乙烯和丁二烯。仅适用于粒状胶和乳液工艺。

[b]表示为每单位 VOC/每单位共聚物产品。

表 4-18 C-TPA 生产过程中无控制措施的排放系数

排放源	非甲烷有机化合物[a,b]排放系数/（t/t）
反应器通风	0.015
结晶、分离器和干燥过程通风	1.9×10^{-3}
蒸馏和回收过程通风	1.1×10^{-3}
产品输送通风[c]	1.8×10^{-3}

注：[a]VOC 气流中含乙酸甲酯、对二甲苯和醋酸，不含甲烷。

[b]通常，热氧化法的 VOC 和 CO 的脱除率＞99%。碳吸附法仅对 VOC 的脱除率为 97%。

[c]气流中含 0.7 gTPA 颗粒物/kg。用于输送过程的反应器废气（惰性气体）中 VOC 和 CO 排放物。

表 4-19 马来酸酐（MA）生产过程的排放系数[a]

来源	非甲烷有机化合物[b]排放系数/（t/t）
未经处理的	0.087
通过碳吸附[c]	3.4×10^{-4}
通过焚烧	4.3×10^{-4}

注：[a] 无催化燃烧或采用正丁烷生产 MA 的工厂数据。

[b] VOC 也包括苯类物质。对回收吸收器和精制真空系统而言，VOC 可能是 MA 和二甲苯；对于储存和装卸而言，代表 MA，二甲苯以及造粒制块操作产生的粉尘；对于二次排放而言，代表废催化剂残余有机物、脱水塔过剩水、真空系统水以及分馏塔残留物。VOC 不包括甲烷。

[c] 废气进入碳吸附器前，碱洗去除有机酸和水溶性有机物。苯类物质为唯一可能残存的 VOC。

4.6 报告格式

工艺有组织污染源 VOCs 排查工作结束后应编制排查报告，排查报告的格式及内容见表 4-20。

表 4-20 工艺有组织污染源 VOCs 排查报告

排查项目	工艺有组织污染源 VOCs 排查
排查单位	××公司
监测实施单位	××公司
报告编制单位	××公司
排查时间	××××年××月××日
监测时间	××××年××月××日
工艺装置有组织污染源基本情况（填写模板）	企业在役工艺装置数量，装置规模，采用的工艺技术或生产方法；工艺有组织污染源排放口数量，其中有机废气排放口的数量、废气处理设施数量，采用的工艺技术，处理规模，处理效率，投用率，是否达标排放
工艺装置有组织污染源 VOCs 排放估算结果及评估（填写模板）	企业××年度工艺有组织污染源 VOCs 排放量约为××t
工艺装置有组织污染源 VOCs 排放削减潜力分析（填写思路）	基于装置加工的物料和工艺过程，从生产过程有机废气回收利用、有机废气治理设施、达标排放情况、提高现有设施的处理率及投用率、减少非正常工况排放等方面分析本企业优化的潜力和可实施性
备注	其他需要说明的事项

4.7 管理要求

现阶段VOCs废气大多数未进行分质收集，废气收集系统排风罩（集气罩）控制风速达不到标准要求，废气收集系统输送管道破损、泄漏严重，生产设备密闭不严等现象频发，进一步造成VOCs排放量上升，影响大气环境质量。

在源头预防方面，从规划、设计阶段、原辅材料的选用对工艺有组织源项实施有效预防和管控。通过设备、布局或管道的调整达到构建封闭流程，采用性能更好的密封技术。改善工艺自动化，补充监测报警设备，以便更好地获取工艺运行参数资料，实现工艺的有效控制，以自动化体系代替人工操作，最终实现不排放或尽量少排放。

在生产工艺方面，从源头减少工艺过程VOCs的排放。尽可能采用低（无）VOCs原辅材料和溶剂的工艺技术和设备，实现工艺尾气的资源化利用。如催化裂化的催化剂再生时使用完全再生工艺；催化重整装置催化剂再生过程的循环和半再生装置，由于初始泄压和吹扫排放口通常是一个明显的VOCs排放点，可尽量采用超低压连续再生工艺；采用高转化率的生产工艺，并设置未转化物料经分离后循环使用的设施；在使用溶剂的工艺过程中，尽量选用挥发性低的溶剂或设置溶剂回收设施以循环使用；挥发性物料投加采用无泄漏泵或高位槽投加液体物料；粉体物料投加采用管道自动计量并投加粉体物料，或者采用投料器密闭投加粉体物料；挥发性物料分离（离心、过滤）采用全自动密闭式（氮气或空气密封）的压缩机；挥发性物料抽真空采用无油往复式真空泵、罗茨真空泵、液环泵，泵前与泵后均设置气体冷却冷凝装置；挥发性物料干燥采用密闭式的干燥设备，干燥过程中挥发的有机废气进行集中收集、处理；提高单体的聚合率，降低聚合反应成品中的单体残留量；生产过程特别是原料投入、产品卸出等环节提高密闭化、自动化、连续化水平，在密闭设备中，连续进行化学反应和分离等；通过高选择性的反应步骤和适当的催化剂，预防废气的产生。

在过程控制方面，产生VOCs的生产环节优先采用密闭设备、在密闭空间中操作或采用全密闭集气罩收集方式，并保持负压运行。对采用局部收集方式的企业，距废气收集系统排风罩开口面最远处的VOCs无组织排放位置控制风速不低于0.3 m/s。当废气产生点较多、彼此距离较远时，在满足设计规范、风压平衡的基础上，适当分设多套收集系统或中继风机。对生产系统和治理设施旁路进行系统评估，除保障安全生产必须保留的应急类旁路外，应采取彻底拆除、切断、物理隔离等方式取缔旁路，对于必要保留的旁路应做好日常监管工作，防止废气偷排现象发生。

在污染物排放控制方面，下列工艺废气应采取措施加以控制，避免直接排入大气：① 空气氧化反应器产生的含挥发性有机物尾气；② 间歇式反应器原料装填过程、气相空间保护气置换过程、反应器升温过程和反应器清洗过程排出的废气；③ 有机固体物料气体输送废气；④ 用于含挥发性有机物容器保持真空的真空泵排气；⑤ 非生产工况下设备通过安全阀排出的含挥发性有机物的废气。在选择工艺有机废气处理措施时，应优先选择在装置内回收利用，或设置冷凝、吸收、吸附设施对未反应单体和溶剂进行回收并循环使用，不能回收利用的有机废气再采用焚烧方法削减 VOCs 排放。

4.8 末端治理技术

末端治理技术是采用管理、源头、过程控制措施仍不能实现设定的污染物浓度或排放速率，而采取的除稀释以外减少污染物排放的措施。通常根据尾气的浓度、气量、组分等因素选择适当的末端治理技术进行处理，对有价值的有机废气，应优先采用膜分离、活性炭回收以及冷凝回收等回收设施予以回收，实在无法回收的，应采用焚烧等方式进行治理。单一治理技术包括吸附法、吸收法、冷凝法、燃烧氧化法（如 RTO、RCO 等）、膜分离法、生物法、低温等离子法等。当单一治理技术不能满足要求时，则需采用组合技术。对于含 VOCs 浓度较低且废气量较大的有机废气，如废水处理系统、部分化工行业工艺有组织排放等则宜采用生物法、浓缩+热力焚烧或催化燃烧等组合方法。

4.8.1 回收类治理技术

4.8.1.1 吸附法

吸附治理技术是利用多孔性固体吸附剂处理流体混合物，流体混合物中一种或多种组分浓缩于固体表面上，以达到分离的目的。吸附剂需具有高吸附容量、吸附速率、化学性质稳定、易再生和一定的机械强度等性能。常用于 VOCs 净化的吸附剂有活性炭、硅胶、分子筛。其中，活性炭应用最为广泛，效果最好。

吸附装置主要有固定床、移动床（含转轮）、流化床等；饱和吸附剂再生方式包括惰性气热再生（如水蒸气再生、热空气再生、热氮气再生等）和抽真空再生等。目前工业上回收净化有机气体大多数采用活性炭固定床吸附流程，一般由 4 部分组成：废气预处理（除尘、降温、去除高沸点高浓度成分）—吸附—吸附剂脱附与再生—溶剂回收。吸附法技术参数应满足《吸附法工业有机废气治理工程技术规范》（HJ 2026—2013）的相关要求。

吸附法净化挥发性有机物多用于低浓度的有回收价值的 VOCs 的回收净化上，对于浓度较高的这类废气多采用冷凝-吸附的方法。吸附法存在的缺点是无再生系统时吸附剂更换频繁；沸点较高的 VOCs 需要热再生，热再生费用较高；部分情况下活性炭吸附有自燃风险。不宜将吸附法用于高沸点有机物（如重油、沥青烟、辛醇等）废气、易聚合有机物（如苯乙烯等）、复杂组分（如含硫化氢、氨、有机硫化物、油气等）的废气处理。采用活性炭作为吸附剂时，脱附气体的温度宜控制在 120℃以下；采用沸石分子筛作为吸附材料时，脱附气体的温度宜控制在 220℃以下。

4.8.1.2 吸收法

吸收法是利用相似相溶原理，常采用沸点较高、蒸汽压较低的低挥发或不挥发液体（如柴油、煤油等）为吸收剂，吸收废气中的 VOCs 组分，VOCs 从气相转移到液相中，然后对吸收液进行解吸处理，回收其中的 VOCs，从而达到净化废气的目的。VOCs 气体吸收剂可根据具体组分选用水基吸收剂、油基吸收剂、碱液等；一般醛类、醇类可溶组分可用水吸收，汽油油气、炼油厂含硫油气等可用低温柴油吸收，有机酸气体可用碱液吸收。

吸收设备有填料塔、板式塔、喷淋塔、文丘里洗涤器等。吸收液处理方式包括作为废水、废液处理，通过汽提、精馏回收有机物，或作为气体生产工艺的原料等。

吸收法适用于炼油行业高压、低温、高浓度的 VOCs 废气处理，设施运行费用低。可用于原油、半成品、成品油储罐呼吸气以及常减压装置初、常顶废气处理。储罐罐顶呼吸气可采用低温柴油吸收，减少废气排放；常减压装置不凝气可采用轻烃回收装置进行处理。轻烃回收装置主要包括瓦斯气升压系统、汽油吸收系统、柴油回收系统、脱吸系统、稳定系统、脱硫系统六大系统。常减压装置瓦斯气经压缩、冷凝、吸收、脱吸、分馏等过程，得到液化石油气产品，可显著降低 VOCs 排放。吸收剂吸收过程受气液相平衡限制，难以达到较高的 VOCs 去除率，且需要考虑吸收液的合理经济处置；吸收法较少单独用于治理工艺的末端处置。

4.8.1.3 冷凝法

冷凝法是利用物质在不同温度下具有不同的饱和蒸汽压的性质使混合气体得以分离的方法，冷凝下来的有机物可以回收利用。冷却剂包括水、低温盐水、空气、液氮、液氨、制冷剂等，冷凝器型式可分为直接接触式冷凝器和表面换热式冷凝器。

冷凝法吸收效率波动幅度大，可作为燃烧或吸附处理的预处理工段，特别是 VOCs 含量较高时，可通过冷凝回收降低后续净化装置的操作负担，多用于高浓度或高沸点 VOCs 气体回收，如炼油厂瓦斯气液化回收、聚丙烯和聚乙烯尾气 VOCs 回收、汽油油气回收等。存在的缺点是受气液相平衡限制，难以达到较高的 VOCs 去除率；需要定期停车进行除霜作业或设置在线融霜；制冷压缩机作为动设备故障率较高；对废气的处理程度受到冷凝温度限制，要处理效率高或处理低浓度废气时，需要将废气冷却至非常低的温度，经济上不合算。

4.8.1.4 膜分离法

膜分离法属于一种较为先进的分离方法，具有流程简单、能耗较小等特点，膜分离技术是采用对有机物具有选择性渗透的膜材料，在一定的压力下使 VOCs 渗透而达到分离的目的。当 VOCs 气体进入膜分离系统后，膜有选择性地使 VOCs 气体通过而被富集，脱除了 VOCs 的气体留在未渗透侧，可以达标排放；富集了 VOCs 的气体则可通过冷凝回收系统进行有机溶剂的回收。

膜分离法适用于中高浓度、小流量和有较高回收价值的废气处理，选择此方法回收废气中的丙酮、四氢呋喃、甲醇、乙腈、甲苯等，回收率可达 97%以上。膜分离法油气回收的技术先进、工艺相对简单，但不足之处是初期投资费用较高。该技术的核心设备是液环压缩机和膜组件。压缩机工作时压力在 350 kPa 左右，存在安全隐患，因而对压缩机防爆性能要求非常高，截至目前，只有美国和德国的少数几家公司具备生产能力。对于膜组件，我国还没有打破对进口膜及组件的依赖，难点问题始终没有得到解决，国产化膜材料的质量需要改进，使用寿命需要提高。

4.8.2 销毁类治理技术

销毁类治理技术是通过热力燃烧或催化燃烧的方式，使废气中的 VOCs 污染物反应转化为二氧化碳、水等物质。石化行业常用的燃烧技术包括热力燃烧、蓄热燃烧、催化燃烧、蓄热催化燃烧、锅炉/工艺炉热力燃烧等。处理含腐蚀性废气，应采用高效水喷淋装置、酸/碱喷淋吸收装置等进行预处理。应控制进入燃烧系统的废气中卤化物的含量，可采用大孔树脂吸附等工艺进行预处理。

4.8.2.1 燃烧氧化法

（1）蓄热燃烧法（RTO）

蓄热燃烧技术是采用燃烧的方法使废气中的 VOCs 污染物反应转化为二氧化碳、水等物质，并利用蓄热体对燃烧产生的热量蓄积、利用。正常工作时，废气不断变换通过蓄热室的流向，实现废气被蓄热体加热升温和将燃烧热传导给蓄热体。蓄热燃烧技术可处理各类有机废气，处理气量大，使用浓度低。缺点是常压操作、占地面积大；陶瓷蓄热体床层压损大且易阻塞；不宜处理易反应、易聚合的有机物及含卤素的废气。在处理易自聚化合物（苯乙烯等）时，会发生自聚现象，产生高沸点交联物质，造成蓄热体堵塞；不适合处理硅烷类物质，燃烧生成固体尘灰会堵塞蓄热陶瓷或切换阀密封面。技术参数应满足《蓄热燃烧法工业有机废气治理工程技术规范》（HJ 1093—2020）要求。

（2）蓄热催化氧化法（RCO）

蓄热催化氧化法是在催化剂作用下，废气中的 VOCs 污染物反应转化为二氧化碳、水等物质。该技术反应温度低、能耗低、不产生热力型氮氧化物。当废气中含有硫化物、卤化物、有机硅、有机磷等可能致催化剂中毒物质时，不宜采用此技术。技术参数应满足 HJ 2027 要求。

（3）热力燃烧法（TO）

热力燃烧法是利用辅助燃料燃烧所发生热量，把可燃的有害气体的温度提高到700～900℃的反应温度，从而发生氧化分解。由于燃烧炉可于较短时间内进入工作状态，非常适合用于高浓度废气及间歇性排放。工艺常见的热力燃烧设备是焚烧炉，结构简单、投资小，气体净化效率高；缺点是操作温度高，处理低浓度废气时运行成本高、能耗高，可产生二次污染物NO_x；不适合含硫、卤化物等化合物的治理。

（4）催化燃烧法（CO）

催化燃烧是在催化剂作用下，废气中的VOCs污染物反应转化为二氧化碳、水等物质。该技术反应温度低、能耗低、不产生热力型氮氧化物。当废气中含有硫化物、卤化物、有机硅、有机磷等可能致催化剂中毒物质时，不宜采用此技术。技术参数应满足HJ 2027要求。

（5）锅炉/工艺炉热力燃烧法

锅炉/工艺炉热力燃烧法是将产生的VOCs直接引入现有供电锅炉、供热锅炉、工艺加热炉或其他非废气处理专用的焚烧炉，采用燃烧的方法使废气中的VOCs污染物反应转化为二氧化碳、水等物质。锅炉/工艺炉热力燃烧技术应充分考虑生产工艺需求及安全性。需要通过预处理稳定VOCs废气流量和浓度，采取周密的安全控制措施应对VOCs废气或加热炉可能出现的异常工况，还应考虑停炉时废气的去向。

4.8.2.2 生物法

生物法是利用微生物的新陈代谢作用降解VOCs的过程。微生物通过自身的代谢作用将各种污染物降解、转化而不产生二次污染，具有处理效果好、投资及运行费用低、安全性好、易于管理等优点。常见的生物处理工艺包括生物过滤法、生物滴滤法、生物洗涤法、膜生物反应器和转盘式生物过滤反应器法等。

该技术适用于炼油行业污水处理装置曝气池等低浓度恶臭气体的治理。利用恶臭组分易生物降解的特点，在废气通过负载微生物的装置时，利用微生物降解废气中的恶臭组分。生物法能耗低、运行费用少，其局限性在于污染物在传质和降解过程中需要有足够的停留时间，增加了设备的占地面积和投资成本。

4.8.3 组合技术

二级组合工艺是指含VOCs的有机废气依次经过两个处理技术，以降低VOCs的浓度，是在单一治理技术无法满足更严格的环保要求技术上形成的。例如，在采用活性炭吸附的过程中，活性炭解吸过程产生了富集的VOCs气体，需采用吸收法、冷凝法或膜分离将富集的VOCs进行有效回收或处置，避免造成二次污染。

活性炭吸附-氮气脱附冷凝溶剂回收技术是利用颗粒活性炭吸附，高温氮气脱附再生，再生后化合物经冷凝分离回收。VOCs 净化效率＞96%，采用惰性气体氮气作为脱附载气，有效解决了传统回收工艺安全性问题；与水蒸气再生相比，回收溶剂含水率低，易于提纯。

油品储运、装卸等过程多采用活性炭吸附油气，吸附饱和后利用减压解吸，解吸出的油气通过喷淋吸收或进入低温冷凝器直接冷凝。入口油气浓度为 300～700 g/m^3，出口油气浓度＜10 g/m^3，油气去除率＞97%。采用油气回收专用活性炭，吸脱附速率快；采用干式螺杆真空泵减压脱附，安全性好。

油气储运过程油气膜分离-吸附回收技术可收集石化行业储运过程中间歇性排放的油气后，经缓冲气柜，通过增压进入吸收塔回收 60%～80%的油气。吸收塔出口的油气经膜组件富集后返回压缩机入口，膜处理后的低浓度油气进入变压吸附装置，出口的非甲烷总烃浓度小于 120 mg/m^3。VOCs 回收率在 99.9%以上。

难降解 VOCs 废气高级氧化-生物净化耦合处理技术是难降解 VOCs 在高级氧化单元中发生氧化反应，转化为水溶性和可生化性较好的小分子 VOCs，进一步在生物净化单元处理的技术。废气湿度 50%～60%，废气停留时间 30～50 s，液气比＜3，温度 15～35℃。对卤代烃、硫化氢、甲苯、四氢呋喃等的处理效率均达到 90%以上。生物滤塔采用“真菌-细菌”复合菌剂进行接种挂膜，启动时间短，并耦合了高级氧化技术，提高了 VOCs 的可生化性。

4.9 估算方法案例

案例一：用实测法估算工艺废气 VOCs 排放量

某生产装置排放工艺废气，监测方式为定期人工采样分析，监测频次为每季度监测一次，每次连续三天进行监测，第一季度到第四季度 VOCs 监测数据分别为

第一季度：废气量 6 000 m^3/h、浓度 60 mg/m^3;

第二季度：废气量 6 200 m^3/h、浓度 75 mg/m^3;

第三季度：废气量 6 500 m^3/h、浓度 80 mg/m^3;

第四季度：废气量 6 000 Nm^3/h、浓度 55 mg/m^3。

装置为连续、稳定运行，年运行时间 8 760 h，核算该装置工艺废气中 VOCs 年度排放量。

解：计算平均废气量、平均浓度

$$平均废气量=\frac{6\,000+6\,200+6\,500+6\,000}{4}=6\,175\ \mathrm{m^3/h}$$

$$平均浓度=\frac{60+75+80+55}{4}=67.5\ \mathrm{mg/m^3}$$

该装置年度 VOCs 排放量计算：

$$\begin{aligned}E_{工艺有组织废气i}&=\sum_{n=1}^{N}\left[Q_n\times(C_i)_n\times H\times10^{-9}\right]\\&=6\,175\times67.5\times8\,760\times10^{-9}\\&=3.65\ \mathrm{t/a}\end{aligned}$$

案例二：用物料衡算法估算工艺废气 VOCs 排放量

某化工装置为连续、密闭生产过程，装置年运行时间 8 760 h。原料及产品均为挥发性有机物，原料 A 消耗量为 76 600 t/a，原料 B 消耗量为 213 950 t/a，生产产品 289 050 t/a，副产品 500 t/a、产生废油 950 t/a 和废气，废气经焚烧设施处理后高空排放，焚烧装置去除率为 98%，与主体装置同时开停，核算该装置工艺废气中 VOCs 年度排放量（假设废气全部为 VOCs，其他排放可忽略不计）。

解：该装置年度 VOCs 排放量计算

$$\begin{aligned}E_{工艺有组织废气i}&=\left[\sum_{j=1}^{J}(W_{输入i})_j-\sum_{k=1}^{K}(W_{输出i})_k\right]\times(1-\eta_1\times\eta_2)\\&=\left[(76\,600+213\,950)-(289\,050+500+950)\right]\times(1-98\%\times100\%)\\&=1\ \mathrm{t/a}\end{aligned}$$

案例三：用排放系数法估算延迟焦化工艺废气 VOCs 排放量

某厂延迟焦化装置加工规模为 200 万 t/a，采用“二炉四塔”方案，两塔一组切换操作，一组生焦、同时另一组冷焦和切焦，生焦周期 24 h，装置连续、稳定运行，年运行时间 8 760 h，核算该装置焦炭塔有组织工艺废气中 VOCs 年度排放量。

解：计算延迟焦化装置焦炭塔有组织工艺废气中 VOCs 年排放量

$$\begin{aligned}E_{焦炭塔i}&=\frac{H}{T}\times\mathrm{EF}_i\times N\\&=\frac{8\,760}{24}\times0.025\,9\times2\\&=18.91\ \mathrm{t/a}\end{aligned}$$

案例四：用排放系数法核算某 PTA 生产企业工艺有组织 VOCs 排放量

某 PTA 生产企业年产 PTA 100 万 t，生产过程中产生的工艺有组织废气包括氧化反应器尾气、结晶和干燥尾气、蒸馏和回收尾气、PTA 料仓输送气。工艺废气中的氧化反应器尾气、结晶和干燥尾气、蒸馏和回收尾气送 RTO 燃烧处理，处理效率为 90%，PTA 料仓输送气未经处理直接排放大气。估算该企业工艺有组织废气中 VOCs 年度排放量。

解：查阅 PTA 生产工艺有组织 VOCs 排放系数如下

氧化反应器尾气排放系数为 15 g/kg，结晶和干燥尾气排放系数为 1.9 g/kg，蒸馏和回收尾气排放系数为 1.1 g/kg，PTA 料仓输送气排放系数为 1.8 g/kg

$$
\begin{aligned}
E_{\text{工艺}i} &= \sum_{i=1}^{n}\left(\mathrm{EF}_i \times Q_i\right)\times(1-\eta) \\
&= (15+1.9+1.1)\times 10^{-3}\times 100\times 10^{4}\times(1-90\%)+1.8\times 10^{-3}\times 100\times 10^{4}\times(1-0\%) \\
&= 3\,600\ \text{t/a}
\end{aligned}
$$

5 涉 VOCs 产品的使用过程排放

5.1 概述

涉 VOCs 产品的使用过程排放是 VOCs 排放的主要污染源之一，涉及涉 VOCs 产品的使用过程排放的行业众多，如石化、农药、涂料、油墨、染料、医药制造、橡胶制品、合成革与人造革、电子、皮革制品、人造板、家具制造、印刷、干洗等行业，涉及油墨、溶剂、溶媒、涂料、油漆、胶粘剂、润版液等涉 VOCs 产品的使用过程排放的源项或企业，在上述有机溶剂使用的工序或过程中均不可避免地存在 VOCs 的逸散。

暂只考虑挥发性有机溶剂类 VOCs 的排放，均以溶剂真实物质进行核算。核算涉及油墨、溶剂、溶媒、涂料、油漆、胶粘剂、润版液等有机溶剂类使用的源项或企业，暂只考虑挥发性有机溶剂类 VOCs 的排放，均以溶剂真实物质量进行核算。排查范围包括项目的建设期和运营期，从原辅材料进厂到产品出厂的全过程，将企业看作一个整体。

涉 VOCs 产品的使用过程排放的定量估算方法为实测法+物料衡算法，在核算过程中，可配合使用实测法来提供证据文件。

5.2 排查工作流程

涉 VOCs 产品的使用过程排查工作流程包括资料收集、源项解析、统计核算、格式报表四部分，具体工作流程见图 5-1。

5.3 源项解析

在涉 VOCs 产品的使用过程中，VOCs 几乎完全挥发到空气中，因此核算涉 VOCs 产品的使用过程排放的源项或企业，暂只考虑挥发性有机溶剂类 VOCs 的排放，不分析具体工艺过程和溶剂流向。

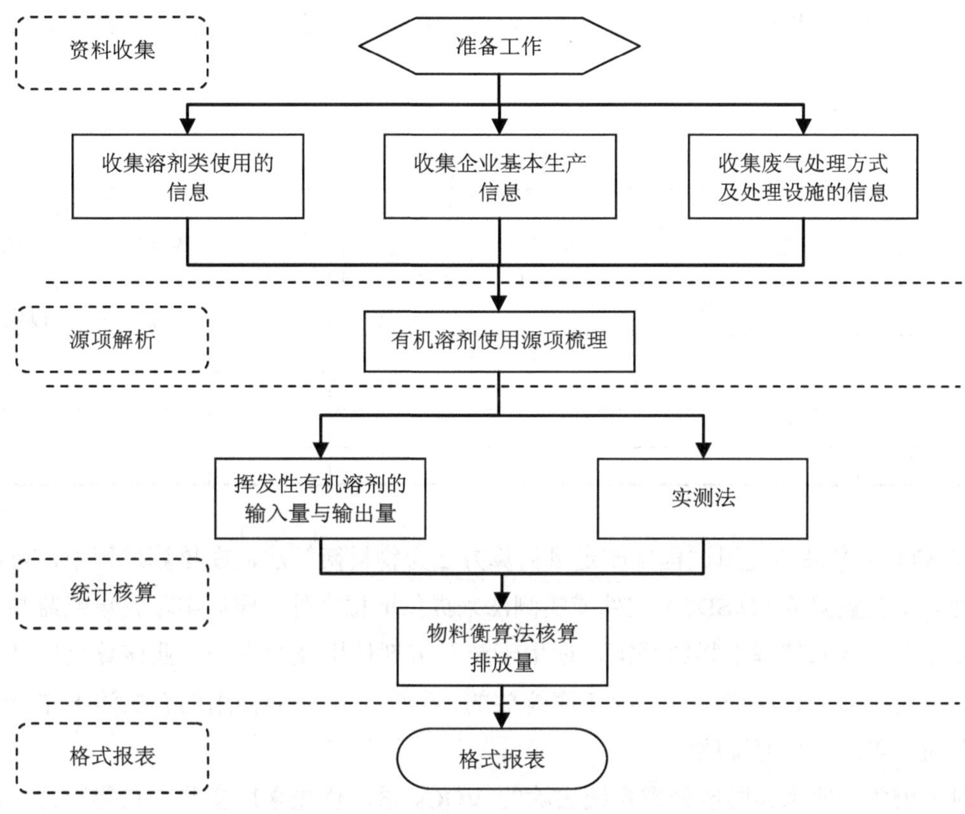

图 5-1 涉 VOCs 产品的使用过程排放排查工作流程

核算涉 VOCs 产品的使用过程的排放，均以溶剂真实物质进行核算。排查范围包括项目的建设期和运营期，从原辅材料进厂到产品出厂的全过程，将企业看作一个整体（见图 5-2），不分析黑箱内的具体工艺过程和溶剂流向。

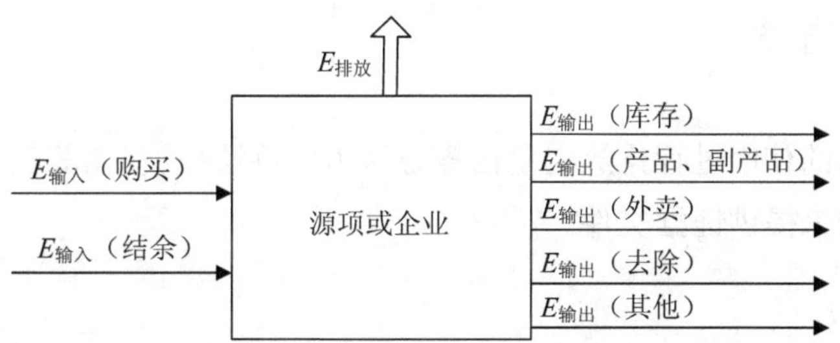

图 5-2 涉 VOCs 产品的使用过程排放核算原理示意

排查过程中应系统梳理核算期内以各种形式输入、输出企业或操作单元的挥发性有机溶剂量，及相关有效证明材料。排查收集的技术资料主要包括企业基本生产信息、含有挥发性有机物的溶剂使用量、溶剂品牌、挥发性有机物含量及已知去向的、可核算、可证明的挥发性有机溶剂量（包括库存、产品、副产品带走、外卖、处理设施处理去除掉的量等），详见表 5-1。

表 5-1 涉 VOCs 产品的使用过程排放资料收集

序号	有机溶剂类名称	有机溶剂品牌	涉及的挥发性有机物种类	有机溶剂使用量/kg	涉及的挥发性有机物的含量/%（质量分数）	挥发性有机物处理方式	去除的挥发性有机物/kg	处理的相关证明材料是否作为附件提供
1								
2								
3								
…								

涉 VOCs 产品的使用过程排放定量估算方法为物料衡算法，在核算过程中，可配合使用物质安全数据单（MSDS）文件或实测法来提供证据文件。根据实际收集或监测数据进行核算，核算原理基于物料平衡，适用于涉及溶剂使用类的生产企业核算全厂 VOCs 排放等。对于喷涂、涂饰、烘干等工序排放的 VOCs，默认为使用的有机溶剂中 VOCs 含量在同一年度中全部排放。

对于废气、废水和固废处理系统去除的 VOCs 量，优先采用实测法获得数据。需要的基础数据包括直接焚烧、催化燃烧等废气处理设施进出口废气中 VOCs 物质的监测报告、进出口废气量、实际燃烧效率及设施投用率等；含溶剂的废水在处理过程中降解转化为其他物质的量及处理装置出水中的溶剂量，进出水物质监测报告、水量记录及设施投用率等；经固废处理装置处理后转变为非挥发性有机物质的溶剂的量等。

5.4 推荐估算方法

涉 VOCs 产品的使用过程排放定量估算方法为实测法+物料衡算法，在核算过程中，可配合使用实测法来提供证据文件。

5.4.1 实测法

对于废气、废水和固废处理系统去除的 VOCs 量，优先采用实测法获得数据。需要的基础数据包括直接焚烧类、回收类等废气处理设施进出口废气中 VOCs 物质的监测报告、进出口废气量、废气浓度，实际收集效率、去除效率及设施投用率等；含 VOCs 溶剂的废水在处理过程中降解转化为其他物质的量及处理装置出水中的溶剂量，进出水物质监测报告、水量记录及设施投用率等。

5.4.2 物料衡算法

有机溶剂类使用过程 VOCs 排放量核算采用物料衡算法，根据黑箱理论计算一个企业或操作单元溶剂类 VOCs 的大气排放量，核算方法见式（5-1）至式（5-3）。

$$E_{排放i} = \Sigma E_{输入i\text{-}j} - \Sigma E_{输出i-k} \tag{5-1}$$

$$\Sigma E_{输入i-j} = E_{输入i-采购} + E_{输入i-结余} + \cdots + E_{输入i-j} \tag{5-2}$$

$$\begin{aligned}\Sigma E_{输出i-k} = {} & E_{输出i-库存} + E_{输出i-产品、副产品} + E_{输出i-外卖} + \\ & E_{输出i-废气处理} + E_{输出i-废水处理} + E_{输出i-固废处理} + \cdots + E_{输出i-k}\end{aligned} \tag{5-3}$$

式中：$E_{输入i-j}$——核算期内，以 j 种形式输入企业的挥发性有机溶剂 i（单物质）的量，kg；

$E_{输出i-k}$——核算期内，以 k 种形式从企业输出的挥发性有机溶剂 i（单物质）的量，kg。

以各种形式输入、输出企业或操作单元的挥发性有机溶剂量均需提供相关有效证明材料才有效。部分输入、输出量的有效证明材料（核算依据）如下（包括但不限于以下内容）：

$E_{输入i-采购}$——核算期内，企业采购的挥发性有机溶剂 i（单物质）的量，以溶剂 i 的购买发票及出库、入库量的日常记录等结算凭证为核算依据。

$E_{输入i-结余}$——核算期内，以结余的形式输入企业的挥发性有机溶剂 i（单物质）的量，以上个核算期结束时的库存量为核算依据。

$E_{输出i-库存}$——核算期内，企业未使用作为库存的挥发性有机溶剂 i（单物质）的量，以企业的相关日常记录为核算依据。

$E_{输出i-产品、副产品}$——核算期内，随产品、副产品带走的挥发性有机溶剂 i（单物质）的量，以产品、副产品检测报告及销售发票为核算依据。

$E_{输出i-废气处理}$——核算期内，经废气处理装置处理后转变为非挥发性有机物质的溶剂 i（单物质）的量。其中：①以冷凝、吸收等回收设施回收的溶剂 i 的量，作为企业内部循环使用时，不计入 $E_{输出i-废气处理}$；②以直接焚烧、催化燃烧等废气处理设施处理的溶剂 i 的量，以进出口废气中 i 物质的监测报告、进口废气量、实际燃烧效率及设施投用率等为核算依据；③以活性炭吸附等废气处理设施处理的溶剂 i 的量，若企业设置后续的再生处理装置或对废活性炭委托处理，使溶剂 i 变为非挥发性有机物质的，提供相关的证明材料，并以证明材料为核算依据。

$E_{输出i-废水处理}$——核算期内，经废水处理装置处理后转变为非挥发性物质的溶剂 i（单物质）的量，仅指含溶剂 i 的废水在处理过程中降解转化为其他物质的量及处理装置出水中的溶剂 i 的量，不包含挥发进入大气的溶剂 i 的量，以 Water 9 软件核算结果、进水 i 物质监测报告、进水水量记录及设施投用率为核算依据。

$E_{输出\ i-固废处理}$——核算期内，经固废处理装置处理后转变为非挥发性有机物质的溶剂 i（单物质）的量。其中：①含溶剂 i 的废液、废活性炭等危险废物，委托有资质的单位处理：有资质单位采用焚烧等方式处理掉的量，或有资质单位对废液、废活性炭采用再生、回收处理方式并对回收的溶剂 i 进行外卖时，以委托合同、危废处理五联单、有资质单位处理方式证明材料、回收溶剂 i 外卖合同等为核算依据；②资质单位以其他处理方式（如填埋等）处理含溶剂 i 的固废时，委托处置的溶剂 i 的废液量不计入 $E_{输出\ i-固废处理}$。

5.5 报告格式

企业排查工作结束后应编制排查报告，排查报告的格式及内容见表 5-2。

表 5-2 涉 VOCs 产品的使用过程排放污染源排查

<table>
<tr><td>企业名称</td><td colspan="10">××公司</td></tr>
<tr><td>排查单位</td><td colspan="10">××公司</td></tr>
<tr><td>检测实施单位</td><td colspan="10">××公司</td></tr>
<tr><td>报告编制单位</td><td colspan="10">××公司</td></tr>
<tr><td>排查起始时间</td><td colspan="10">××××年××月××日—××××年××月××日</td></tr>
<tr><td>检测时间</td><td colspan="10">××××年××月××日</td></tr>
<tr><td>联系方式</td><td colspan="10"></td></tr>
<tr><td>有机溶剂类名称</td><td>种类/品牌</td><td colspan="3">投用量[1]/kg</td><td colspan="4">VOCs 含量[2]/%</td><td colspan="2">备注</td></tr>
<tr><td></td><td></td><td colspan="3"></td><td colspan="4"></td><td colspan="2"></td></tr>
<tr><td></td><td></td><td colspan="3"></td><td colspan="4"></td><td colspan="2"></td></tr>
<tr><td></td><td></td><td colspan="3"></td><td colspan="4"></td><td colspan="2"></td></tr>
<tr><td></td><td></td><td colspan="3"></td><td colspan="4"></td><td colspan="2"></td></tr>
<tr><td rowspan="2">处理装置的处理措施[3]</td><td rowspan="2">是否按要求定期维护（更换活性炭、催化剂等）[4]</td><td colspan="9">处理装置[5]</td></tr>
<tr><td colspan="2">进口废气量/（m^3/h）</td><td colspan="2">进口平均浓度/（mg/m^3）</td><td colspan="2">出口废气量/（m^3/h）</td><td colspan="2">出口平均浓度/（mg/m^3）</td><td>运行时间/h</td></tr>
<tr><td></td><td>是/否</td><td colspan="2"></td><td colspan="2"></td><td colspan="2"></td><td colspan="2"></td><td></td></tr>
<tr><td colspan="11">有机废液/固废回收信息[6]</td></tr>
<tr><td>序号</td><td>有机废液/固体废物名称</td><td>去向</td><td colspan="4">废液/固体废物去除量</td><td colspan="2">去除废液中 VOCs 含量</td><td colspan="2">固体废物中 VOCs 含量</td></tr>
<tr><td>1</td><td></td><td></td><td colspan="4"></td><td colspan="2"></td><td colspan="2"></td></tr>
<tr><td>2</td><td></td><td></td><td colspan="4"></td><td colspan="2"></td><td colspan="2"></td></tr>
<tr><td>3</td><td></td><td></td><td colspan="4"></td><td colspan="2"></td><td colspan="2"></td></tr>
</table>

企业基本情况（填写模板）	包括企业使用的各类溶剂情况、有机气体控制设施（套数、规模、工艺、效率）、固体废物处理方式等
涉 VOCs 产品的使用过程排放估算结果及评估（填写模板）	根据有机溶剂类使用 VOCs 污染源排查工作指南，××公司对企业全厂的溶剂类的使用及有机废气去除情况进行 VOCs 污染源排查工作。依据本指南的有机溶剂类使用估算本企业××年度 VOCs 排放量约为×× t
涉 VOCs 产品的使用过程排放削减潜力分析	达标性分析：达标○　　不达标○，削减潜力：×× t/a 国内平均水平：已满足○　　未满足○，削减潜力：×× t/a 国内先进水平：已满足○　　未满足○，削减潜力：×× t/a
备注	在不合规的情况下，应说明整改计划。 其他需要说明的排查结果

注：1. 各类有机溶剂类使用量以购买发票等结算凭证为核定依据。

2. 各类有机溶剂类的 VOCs 含量优先以其供货商提供的质检报告等为核定依据，若不填，VOCs 计算时取默认最大值。

3. VOCs 处理装置的治理措施包括直接燃烧法、催化燃烧法、蓄热式燃烧、蓄热式催化燃烧、固定床活性炭吸附、流化床吸附、转轮浓缩+焚烧、生物处理、低温等离子体、冷凝回收等。

4. 核算期内现有企业 VOCs 处理装置未按照治理工程的设计要求定期更换活性炭或者催化剂的，视为未安装任何处理装置，VOCs 去除量为 0；若有活性炭再生装置，应明确气体被再生后的去除，以实际回收的溶剂量核算去除量。若无活性炭再生装置，则需密闭收集后焚烧处理，但此过程的控制效率取值不应超过 50%，若控制效率高于 50%，企业需提供相关证明文件。

5. 处理装置进口、出口平均浓度按照企业实际监测数据、环保部门监督性监测数据、第三方监测数据或环保“三同时”验收监测数据取值。无监测数据可不填，视为无处理。

6. VOCs 去除量为核算期企业回收的各种废有机溶剂量/固体废物之和，以企业委托的有资质危险废物处理公司出具的发票、企业废有机溶剂回收利用技术改造项目相关报告等为核算依据。

5.6 管理要求

液态 VOCs 物料应采用密闭管道输送方式或采用高位槽（高位罐）、桶泵等密闭投料，粉状、粒状 VOCs 物料应采用气力输送方式完成密闭投料。无法完成密闭投料的，应在密闭空间内操作，或进行局部气体收集，并处理达标后排放。

调配、涂装、印刷、黏结、印染、干燥和清洗等工序使用有机溶剂应在密闭空间内进行，无法密闭的，应采用局部气体收集措施，废气经收集系统和（或）处理设施后达标排放。

含挥发性有机物的原辅材料在储存和输送过程中应保持密闭，使用过程中随取随开，用后应及时密闭，以减少挥发。废弃溶剂应及时进行收集并密闭保存，定期处理，并记录处理量和去向。

根据生产工艺、操作方式以及废气性质、处理和处置方法，应设置不同的废气收集系统，对废气进行分质收集，各废气收集系统均应实现压力损失平衡以及有效收集。

企业应建立污染物排放和控制台账，所有含 VOCs 的物料应建立完整的购买、使用记录及存储方式、存储场所等，记录中应包含物料的名称、VOCs 含量、物料进出量、作业时间以及记录人等，如储罐存储，则应该记录储罐的周转次数，本年度销售产品总量、本年度库存总量、产品和物料的 VOCs 含量、VOCs 排放量（通过废溶剂、废弃物、废水或其他方式输出的量）、污染控制设备处理效率、排放监测等数据。

5.6.1 加强源头控制，使用环保型的原辅材料

在含有机溶剂的原辅材料使用过程中，VOCs 几乎完全挥发到空气中，因此，使用环保型的原辅材料，可有效控制企业 VOCs 产生量。源头控制是最为有效的减排方式，同时可以减少后续废气治理的投入，也大大减少了环保监管的成本。使用的涂料、油墨、清洗剂、胶粘剂中 VOCs 含量限值应符合《工业防护涂料中有害物质限量》（GB 30981—2020）《木器涂料中有害物质限量》（GB 18581—2020）、《清洗剂挥发性有机物含量限值》（GB 38508—2020）、《胶粘剂挥发性有机物限量》（GB 33372—2020）、《油墨中可挥发性有机物（VOCs）含量限值》（GB 38507—2020）等标准要求。

与此同时，鼓励使用符合《低挥发性有机物含量涂料产品技术要求》（GB/T 38597—2020）规定的水性、高固体分、无溶剂、辐射固化、粉末等低 VOCs 含量涂料，符合《清洗剂挥发性有机物含量限值》（GB 38508—2020）规定的水基、半水基等低 VOCs 含量清洗剂，符合《胶粘剂挥发性有机物限量》（GB 33372—2020）规定的水基型、本体型等低 VOCs 含量胶粘剂。

5.6.2 强化精细化过程管理及末端治理设施运行

精细化管理是针对生产全过程而言，企业若对其有机溶剂储存、调配、生产线等方面加强精细化管理，能起到良好的减排效果。如储存规范，不得出现敞口的有机溶剂容器，未使用完的溶剂罐应封口储存，溶剂通过管道输送、通过机械进行调配。适时进行生产工艺改进，大型构件喷涂可采用组件拆分、分段喷涂方式，兼用滑轨或吊轨运输、可移动喷涂房等设施。推进辊涂、淋涂、静电喷涂、自动喷涂等高效涂装技术，降低人工喷涂的使用率。收集过程要保持在任一检测点位的风速不小于 0.3 m/s，即保持负压运行，如果采用局部集气罩效果甚微时，建议将生产线或设备进行二次密闭。末端治理可采用文丘里、水旋、水幕湿法漆雾捕集+多级干式过滤除湿联合装置。也可采用热力焚烧/催化燃烧或其他等效方式单独处理。

5.7 估算方法案例

案例：某制药企业 VOCs 排放量的计算

某制药企业生产某原料药，年工作时间 7 200 h，全年生产原料药 X 58.6 kg，原料药 Y 112.5 kg，原料药 Z 165.2 kg。生产流程包括加料、制备、精制、析晶等。全年有机溶剂使用量如下：正己烷 185 kg，1,2-二氯乙烷 1 560 kg，乙二醇二甲醚 3 000 kg，苯甲醚 3 919 kg，95%乙醇（药用）7 603 kg，95%乙醇 8 453 kg，乙腈 9 040 kg，石油醚 15 580 kg，三氯甲烷 21 713 kg，乙酸乙酯 44 524 kg，甲苯 57 259 kg，二氯甲烷 57 534 kg，丙酮 87 824 kg，甲醇 105 903 kg。生产过程中的工艺废气统一收集到废气处理系统进行处理，进口平均流量 11 240 m^3/h，进口 VOCs 平均浓度 86 mg/m^3，出口平均流量 6 918 m^3/h，排放口 VOCs 平均浓度 18.6 mg/m^3。

清洗废水通过车间排口收集到污水处理系统集中处理，全年污水排放量 17 813 m^3，出口 VOCs 浓度 645 mg/L（参考调节池的 TOC）。

废液桶装、废渣袋装暂存于危废仓库，最后送有处理资质单位进行处置。

废液/废渣包括各类残液、母液、脱色过滤渣、干燥渣、废水预处理残液、污水处理污泥等，产生情况及性质如下：各类残液产生量 1.2 t（VOCs 含量 92%）；各类母液产生量 1 t（VOCs 含量 92%）；各类脱色过滤渣、制剂配料产生的废活性炭产生量 0.37 t，VOCs 浓度 0.713 mg/kg；各类干燥渣产生量 11.35 t，VOCs 浓度 34 mg/kg；废水预处理残液产生量 2.37 t（VOCs 含量 92%）；污水处理污泥产生量 3.6 t，VOCs 浓度 4.88 mg/kg。

核算该企业 VOCs 的年排放量。

解：核算企业 VOCs 排放量

$$E_{输入}=185+1\,560+3\,000+3\,919+7\,603+8\,453+9\,040+15\,580+21\,713$$
$$+44\,524+57\,259+57\,534+87\,824+105\,903=424\,097\text{ kg}=424.097\text{ t}$$

$$E_{输出}=E_{输出\text{-}产品}+E_{输出\text{-}废气处理}+E_{输出\text{-}废水处理}+E_{输出\text{-}固废处理}$$
$$=(58.6+112.5+165.2)+(11\,240\times 86-6\,918\times 18.6)\times 7\,200\div 10^9$$
$$+17\,813\times 645\div 10^6+(1.2+1+2.37)\times 92\%$$
$$+(0.37\times 0.713+11.35\times 34+3.6\times 4.88)\div 10^6$$
$$=336.3+6.033+11.489+4.205$$
$$=358.027\text{ t}$$

$$E_{排放}=E_{输入}-E_{输出}=424.097-358.027=66.07\text{ t}$$

得到 VOCs 的年排放量为 66.07 t。

6 工艺过程 VOCs 无组织排放

6.1 概述

《大气污染物综合排放标准》（GB 16297—1996）中将无组织排放定义为“大气污染物不经过排气筒的无规则排放”。更为全面的定义工艺过程 VOCs 无组织污染源排放是指工业企业的工艺生产装置在运行和操作过程中产生的污染物（VOCs）排放不通过工艺排放口的工艺过程和设备。工艺过程 VOCs 无组织污染源排查范围包括非密闭式工艺过程中的无组织、间歇式的排放，在生产材料准备、工艺反应、产品精馏、萃取、结晶、干燥、卸料等工艺路线所涉及的生产加注、反应、分离、净化等单元操作过程中，污染物通过蒸发、闪蒸、吹扫、置换、喷溅、涂布等方式所产生的排放，以及延迟焦化在切焦过程中产生的排放。

本章主要介绍了工艺过程 VOCs 无组织污染源的排查工作流程、资料收集、源项解析、现场监测、VOCs 排放估算方法、报告格式、管理要求及估算方法案例。工艺无组织 VOCs 污染源排放可以通过实测的方法进行计算，但由于操作的间歇性、场地的局限性、采样的不确定性等，导致实测法难度较大，很难得到真实 VOCs 的排放量及浓度。因此，在收集到企业装置信息、生产参数等基本数据的前提下，采用物料衡算法、公式法、排放系数法进行估算。由于工业企业行业种类、生产路线、工艺装置、原料产品、生产方法等种类繁多，无法逐一列举说明，本章按照化工原理中描述的单元操作为主要分类方法进行介绍，在实际工作中还要根据具体的工艺装置和生产方法进行有针对性的分析和排查工作。

6.2 排查工作流程

工艺过程 VOCs 无组织污染源排查工作流程包括资料收集、源项解析、统计核算、格式报表四部分，具体工作流程见图 6-1。

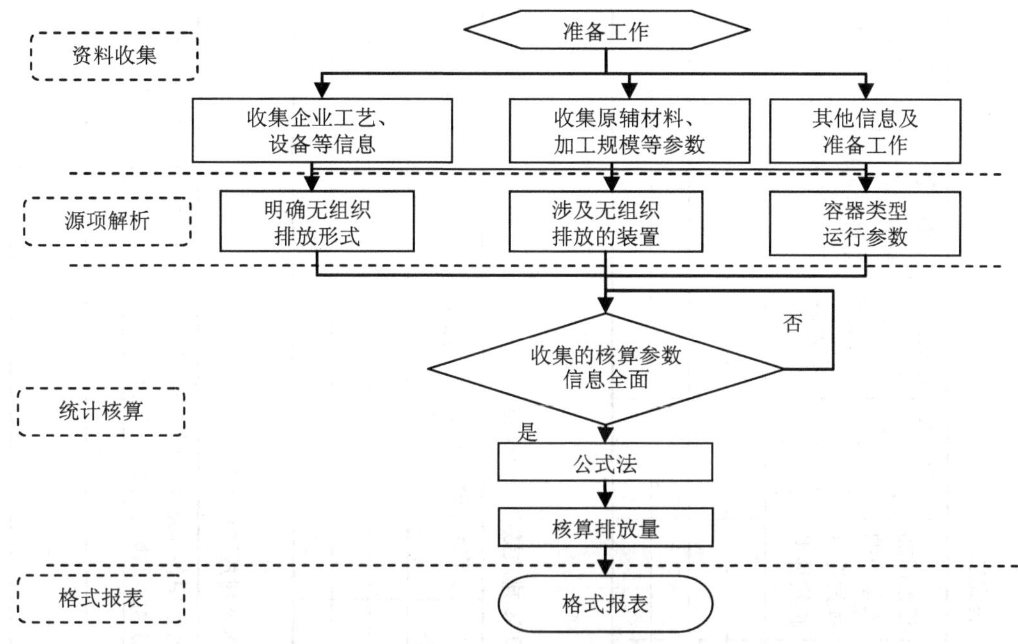

图 6-1　工艺无组织 VOCs 污染源排查工作流程

收集企业的工艺路线、运行设备、原辅材料、设施的配置信息、加工规模、开停工或运行状态、运行参数、环保措施和环境监测数据等基本资料与数据，科学合理地将污染源进行分类。检查企业 VOCs 的排放过程与国家、地方的环保法规和标准是否一致，在通过合规性检查的基础上，开展现场踏勘。结合收集到的资料以及生产装置的实际运行情况，全面疏理、筛查工艺无组织污染源的点位及排放强度，确定最终的排查、核算方案。在企业现场无法通过实测法得到无组织排放量的前提下，分析日常环境监测数据，结合企业提供的运行参数，对不发生化学反应的有机溶剂优先选用物料衡算法，在物料衡算法核算参数不完整的情况下，根据数据的完整度，依次选择公式法和排放系数法，完成数据上报工作。

6.3　资料收集

工艺无组织 VOCs 污染源排查收集的技术资料主要包括工艺装置/设施的配置信息、运行信息、环境保护监测信息等。

工艺装置/设施的配置信息主要包括工艺装置的配置、设计规模、加工过程或生产方式、物料的理化参数、环保设施配置、运行状态。运行信息主要包括加工或运行负荷，装置设备的泄压、清洗、吹扫等操作流程。环境保护监测信息主要包括工艺废气的流量、温度、压力等参数及污染物浓度；环保治理设施进出口污染物浓度、处理效率等监测数据。

企业的基本信息和 VOCs 核算所需信息见表 6-1 到表 6-17。

表 6-1　反应釜充装废气 VOCs 排放数据（公式法）

序号	装置名称	装置规模/（10^4 t/a）	操作时间/（h/a）	操作次数/（次/a）	加入反应釜的挥发性有机物种类	充装操作产生的置换体积/m^3	充装液体的温度/K	系统总压/kPa	混溶时加入釜内的挥发性有机物种类	混溶时加入釜内的挥发性有机物质的体积/m^3	混溶时釜内原有的各挥发性有机物种类	混溶时釜内原有的各挥发性有机物质的摩尔分数	混溶时釜内原有挥发性有机物的体积/m^3
1													
2													
3													
…													

注：当涉及多种 VOCs 物料时，需分行逐一填写相关内容。

表 6-2　工艺过程 VOCs 单物质无组织加热过程废气 VOCs 排放数据（公式法）

序号	装置名称	装置规模/（10^4 t/a）	年运行时间/h	反应釜气相空间体积/m^3	反应釜中挥发性有机物物料种类	物料初始温度/℃	物料最终温度/℃	反应釜系统总压/kPa

表 6-3　工艺过程 VOCs 无组织混合物加热过程废气 VOCs 排放数据（公式法）

序号	装置名称	装置规模/（10^4 t/a）	年运行时间/h	反应釜气相空间体积/m^3	反应釜中挥发性有机物物料种类	反应釜中各挥发性有机物物料的摩尔分数	物料初始温度/℃	物料最终温度/℃	反应釜系统总压/kPa

表 6-4 工艺过程 VOCs 无组织混合物加热+气体吹扫过程废气 VOCs 排放数据（公式法）

序号	装置名称	装置规模/（10^4 t/a）	年运行时间/h	反应釜气相空间体积/m^3	反应釜中挥发性有机物物料种类	反应釜中各挥发性有机物物料的摩尔分数	物料初始温度/℃	物料最终温度/℃	反应釜系统总压/kPa	反应釜吹扫气流量/（m^3/h）	吹扫气挥发性组分蒸气饱和度

表 6-5 真空操作 VOCs 排放数据（公式法）

序号	装置名称	装置规模/（10^4 t/a）	操作时间/（h/次）	操作次数/（次/a）	回收器中冷凝物物料种类	回收器中冷凝物温度/K	作为吹扫气加入的空气或氮气的摩尔数/mol	操作压力/kPa	真空操作设备的流速/（m^3/min）	回收器中冷凝物的体积/m^3	系统温度/K

注：当涉及多种 VOCs 物料时，需分行逐一填写相关内容。

表 6-6 工艺过程 VOCs 无组织净化/气体吹扫（空反应釜）VOCs 排放数据（公式法）

序号	装置名称	装置规模/（10^4 t/a）	年运行时间/h	空置时反应釜气相空间体积/m^3	反应釜中挥发性有机物物料种类	反应釜温度/℃	反应釜系统总压/kPa	反应釜吹扫气流率/（m^3/h）

表 6-7　工艺过程 VOCs 无组织净化/气体吹扫（单物料反应釜）VOCs 排放数据（公式法）

序号	装置名称	装置规模/（10^4 t/a）	年运行时间/h	反应釜内径/m	反应釜中挥发性有机物物料种类	反应釜温度/℃	反应釜系统总压/kPa	反应釜吹扫气体积流率/（m^3/h）

表 6-8　工艺过程 VOCs 无组织净化/气体吹扫（混合物料反应釜）VOCs 排放数据（公式法）

序号	装置名称	装置规模/（10^4 t/a）	年运行时间/h	反应釜内径/m	反应釜中挥发性有机物物料种类	反应釜中各挥发性有机物物料的摩尔百分比	反应釜温度/℃	反应釜系统总压/kPa	反应釜吹扫气体积流率/（m^3/h）	反应釜系统总压/kPa

表 6-9　单物质反应釜降压操作 VOCs 排放数据（公式法）

序号	装置名称	操作时间/（h/次）	操作次数/（次/a）	压缩挥发性有机物物料种类	系统温度/K	泄压前不凝气组分分压/kPa	泄压后不凝气组分分压/kPa	设备体积/m^3	压缩物（滤饼）体积/m^3

表 6-10 混合物的反应釜降压操作 VOCs 排放数据（公式法）

序号	装置名称	操作时间/（h/次）	操作次数/（次/a）	压缩物料混合物的各物料种类	压缩物料混合物各物料种类对应的摩尔分数	系统温度/K	泄压前初始压力/kPa	泄压后终端压力/kPa	设备体积/m^3	压缩物（滤饼）体积/m^3

注：涉及 3 种以上挥发性有机物料，需逐一增加列，填写相关参数。

表 6-11 工艺过程 VOCs 无组织蒸发（敞口容器）过程 VOCs 排放数据（公式法）

序号	装置名称	装置规模/（10^4 t/a）	年运行时间/h	反应釜内径/m	反应釜中挥发性有机物物料种类	反应釜内挥发性有机物液体温度/℃	反应釜系统总压/kPa

注：此表格同样适用于真空干燥过程。

表 6-12 工艺过程 VOCs 无组织泼洒过程 VOCs 排放数据（公式法）

序号	装置名称	装置规模/（10^4 t/a）	年运行时间/h	物料泼洒面积/m^2	反应釜中挥发性有机物物料种类	反应釜内挥发性有机物液体温度/℃	反应釜系统总压/kPa

表 6-13　溶剂回收系统 VOCs 排放数据（公式法）

序号	装置名称	装置规模/（10^4 t/a）	操作时间/（h/a）	操作次数/（次/a）	进入溶剂回收系统的溶剂量/kg	实际回收溶剂量/kg	进入废水处理系统的溶剂量/kg	进入固体废物中的溶剂量/kg

表 6-14　工艺无组织反应生成气体逸出过程 VOCs 排放数据（公式法）

序号	装置名称	装置规模/（10^4 t/a）	年运行时间/h	反应釜中挥发性有机物物料种类	反应釜中挥发性有机物物料的摩尔占比	生成气体组分种类名称	生成气体组分的质量/kg	反应釜内溶剂温度/℃	反应釜系统总压/kPa

表 6-15　工艺无组织反应生成气体+氮气吹扫逸出过程 VOCs 排放数据（公式法）

序号	装置名称	装置规模/（10^4 t/a）	年运行时间/h	反应釜中挥发性有机物物料种类	反应釜中挥发性有机物物料摩尔占比	生成气体组分种类名称	生成气体组分质量/kg	反应釜内溶剂温度/℃	反应釜系统总压/kPa	氮气吹扫气流率/（m^3/h）

表 6-16　离心分离/过滤过程 VOCs 排放数据（公式法）

序号	装置名称	装置规模/（10^4 t/a）	操作次数/（次/a）	挥发性有机物物料种类	离心机底部滤饼的比表面积/（m^2/g）	离心机底部滤饼的质量/g	离心/过滤装置的内表面积/m^2	离心/过滤时间/h	静置时间/h	蒸发强度/[kg/（m^2·h）]

注：蒸发强度可通过传热系数计算或通过实测获取。

表 6-17　延迟焦化切焦过程废气 VOCs 排放数据（排放系数法）

序号	装置名称	装置规模/（10^4 t/a）	年运行时间/h	延迟焦化装置进料量/（kg/h）	切焦温度/K

6.4 源项解析

6.4.1 反应釜充装过程

反应釜充装产生的 VOCs 主要是指当溶剂或挥发性混合物充装进反应釜时物料体积置换蒸汽产生的 VOCs。反应釜充装过程的 VOCs 排放可以是点源，也可以是面源，取决于是否有排放收集系统。

6.4.2 工艺加热过程

生产中把反应釜加热至所需的温度，当反应釜温度增加时，反应釜中挥发性物料的蒸汽压增加、体积增大，气相空间的 VOCs 通过工艺排放口排至大气。

6.4.3 真空操作过程

真空操作普遍应用于化工和制药行业的各种单元操作中，如蒸馏、精馏、干燥、浓缩等。由各种真空元件（包括被抽容器、真空泵、真空容器、真空阀门、密封元件及真空检测仪表等）连接组成，以获得一定的真空度并满足特定工艺要求的装置，叫作真空系统。根据工作压强的不同，可以将真空操作系统分为低真空系统、高真空系统、超高真空系统和极高真空系统。部分企业为了降低工艺混合物的沸点温度，多采用真空分馏或真空干燥过程。真空操作系统需要借助真空泵实现，根据真空泵的工作原理，真空泵基本上分为气体传输泵和气体捕集泵两种。各类型真空泵依靠自身工作原理及结构的特殊性，将系统内的气体分子压缩、排出，以此达到抽气目的。真空操作产生排放是由于用真空泵或喷射器脱除系统空气时，系统内轻组分会夹杂在空气中一起被压缩排至大气造成的。

6.4.4 净化/气体吹扫过程

为了安全或防止水蒸气进入反应系统以避免发生副反应，经常在反应釜中充氮气以作保护。当氮气通过工艺排放口排出反应釜时，溶剂蒸气及其中含有的 VOCs 也会一起排至大气。

6.4.5 泄压/降压过程

降低系统压力是在比常温低的温度下反应釜回收溶剂的一种方法。用真空系统降低反应釜中压力，把反应釜及相连设备中的溶剂蒸气抽出，VOCs 会伴随蒸气一起被抽出。

6.4.6 蒸发

蒸发操作是用加热的方法将含不挥发性溶质的稀溶液加热沸腾，使溶液中的一部分挥发性溶剂汽化，从而提高溶液的浓度，是化工、轻工、食品、医药等工业生产中分离挥发性溶剂与不挥发性溶质的主要方法之一。根据操作压力的不同，蒸发可分为常压蒸发、加压蒸发和减压（真空）蒸发。根据二次蒸汽是否用作另一蒸发器的加热蒸汽，蒸发可分为单效蒸发和多效蒸发。根据操作方式不同，蒸发可分为间歇蒸发和连续蒸发。蒸发操作向溶液提供热量，溶剂从溶液中汽化挥发，造成 VOCs 逸散（见图 6-2）。

如果反应釜中的物料暴露在大气中，在加料、混合操作的过程中，由于存在温度、压力、浓度等差异，导致反应釜物料液面会发生表面蒸发。此类蒸发，没有加热设备供给热量，蒸发强度较配有加热设备的强度低，是物料分子运动的具体表现。反应釜物料表面的蒸发造成挥发性有机物 VOCs 的逸散。

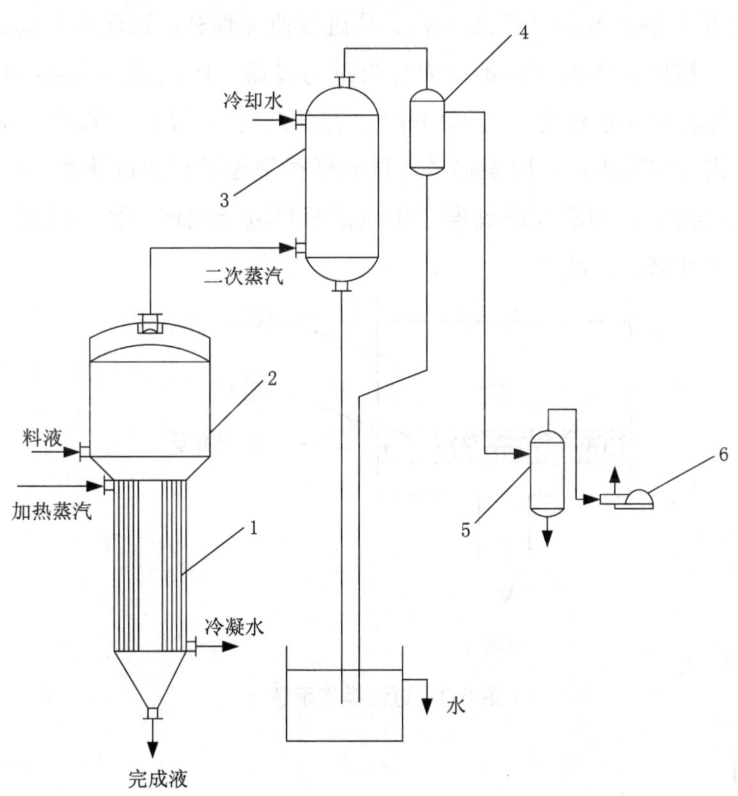

1—加热室；2—分离室；3—混合冷凝器；4—分离室；5—缓冲罐；6—真空泵

图 6-2 蒸发装置示意

6.4.7 溶剂回收系统

溶剂回收也称为污染物净化或废溶剂分馏，在溶剂充装和分馏设备操作过程中会产生 VOCs 排放。

6.4.8 气体产生逸出过程

一些反应过程在反应釜中产生不凝气，通过反应釜排气口排出。这些不凝气排出时也同时携带 VOCs 溶剂蒸气。

6.4.9 过滤

过滤操作是在一定推动力（重力、压力差或离心力等）下，利用一种具有很多毛细孔道的物体作为过滤介质，使液体通过介质的毛细孔道，将悬浮液中的固体颗粒截留，达到固-液两相分离目的的操作（见图 6-3）。从过滤原理划分，过滤可分为滤饼过滤、深层过滤和膜过滤。按照流体流动的推动力分为重力过滤、压差过滤和离心过滤。按操作方式又分为连续过滤和间歇过滤。过滤操作包括浆态进料、过滤、滤液回收等 VOCs 排放过程。进料方式有加压进料、用泵输送。过滤器类型包括袋式过滤器、叶片式过滤器、离心过滤器及其他类型。间歇过滤过程至少包括浆料输送到过滤器、过滤、过滤后母液被导入接收器 3 个独立单元操作。

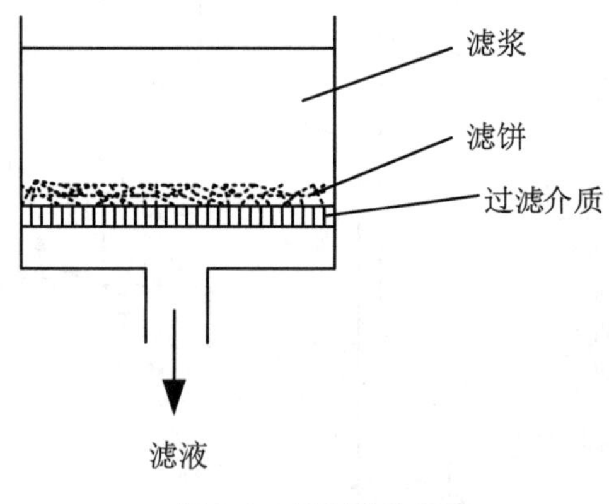

图 6-3 过滤操作示意

6.4.10 蒸馏

蒸馏是最早工业化的典型单元操作，目前仍广泛应用于化工、石油、制药、冶金和环境保护等领域。蒸馏是以混合物的气-液平衡关系为理论基础，以混合物中各组分挥发性的差异为依据，通过控制适当的条件，使体系发生部分汽化和部分冷凝，通过相际传质实现易、难挥发组分在两相中的分别浓集，达到分离多组分混合物、提纯某一组分或回收有用成分的目的（见图 6-4 和图 6-5）。蒸馏操作可以广泛应用于液体、气体和固体混合物。简单蒸馏、平衡蒸馏、（普通）精馏、特殊精馏是蒸馏的 4 种基本形式。简单蒸馏和平衡蒸馏只进行一次部分汽化或部分冷凝，适用于产品纯度要求不高的场合或组分间相对挥发度很大、容易分离的物系。（普通）精馏则对物料进行多次部分汽化和部分冷凝，可获得高纯度的产品。特殊精馏用于（普通）精馏无法或很难分离的物系。按操作压强的不同，蒸馏有常压、减压（真空）蒸馏和加压蒸馏之分。按照生产方式的不同，精馏方式可分为间歇蒸馏和连续蒸馏。

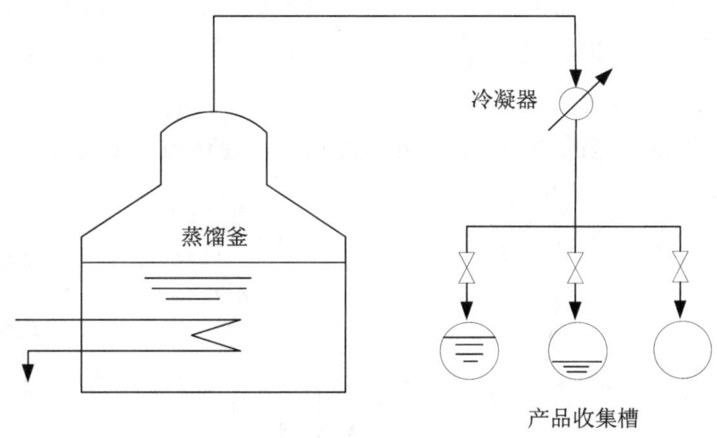

图 6-4 简单蒸馏过程示意

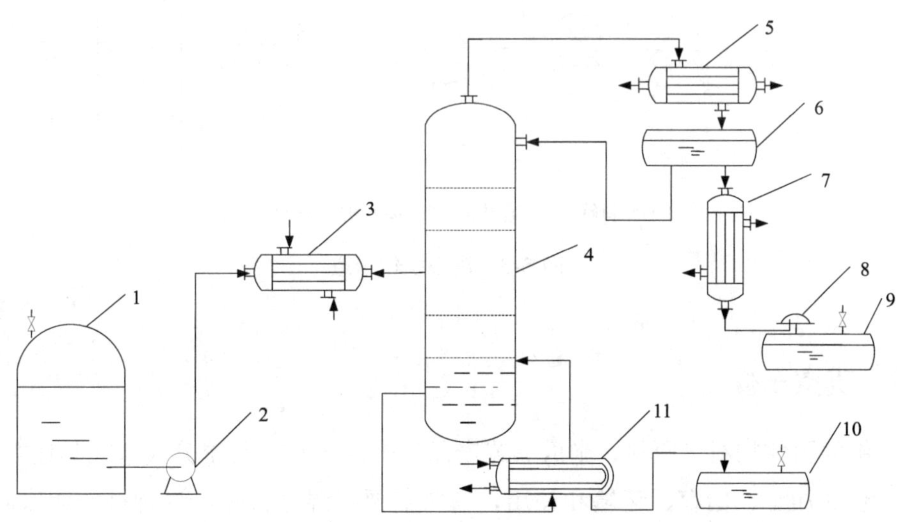

1—原料液储罐；2—进料泵；3—原料预热器；4—板式精馏塔；5—冷凝器；6—冷凝液储槽；7—冷却器；8—观测罩；9—馏出液储槽；10—釜液储槽；11—再沸器

图 6-5 采用板式塔的精馏系统

6.4.11 离心

在离心力的作用下分离液态非均相混合物的过程称为离心分离，实现这一过程的设备机械称为离心机。在工业生产中，对于含水率高且固体颗粒细小或液相黏度较大的悬浮液采用离心分离可得到很好的效果。针对分离物系的特性以及生产工艺要求，可以将离心分为离心过滤、离心沉淀、离心分离 3 个过程。离心操作设备包括浆料进料容器、离心机、过滤液回收容器。进料过程即为从进料容器把工艺浆料送入离心机和过滤液从离心机导入过滤液回收器的过程。典型的离心机结构有三足式离心机、刮刀卸料离心机、活塞推料离心机和管式高速离心机。在离心过程中，液态非均相混合物在随离心机高速转动时，液体撞击在壁面上，会发生喷溅，产生 VOCs 挥发。此外，离心结束，对于无尾气收集设施的离心设备，开盖卸料时，会有高浓度的 VOCs 直接排放至大气中（见图 6-6）。

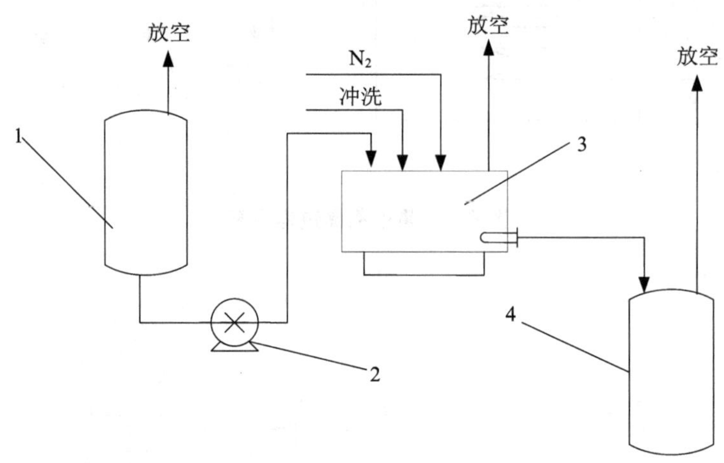

1—原料罐；2—输送泵；3—离心机；4—产品罐

图 6-6 离心操作示意

6.4.12 真空干燥

生产中的固体物料（原料、半成品或产品）中常含有一些湿分（水或其他溶剂），为便于进一步的加工、储存、运输和使用，通常需要将湿分去除，这种操作叫去湿。利用热能除去固体物料中湿分的单元操作称为干燥（见图 6-7）。真空干燥过程是在真空干燥器中干燥产品固体。真空干燥过程至少包括 4 个独立的操作单元：工艺物料装入干燥器、降低系统压力至设计水平，通过热传导、热对流或热辐射的方式加热蒸发、收集回收器中的溶剂馏出物。在计算过程中要对每个单元操作逐一核算、加和，得到真空干燥过程 VOCs 的总排放量。从前期过滤或离心步骤来的带有溶剂的湿产品固体放入真空干燥器蒸发。在干燥过程中，物料内部的水分会因为压力差或浓度差集聚到物料表面蒸发。在蒸发过程中，固体缝隙内的轻组分会被水分夹带到物料表面，一起带入大气。对于固体干燥，在干燥器中通入氮气可以加速干燥过程，在此过程中，必须用真空泵或喷射器把由于较低压力漏入系统的空气和加入的氮气一起脱除。

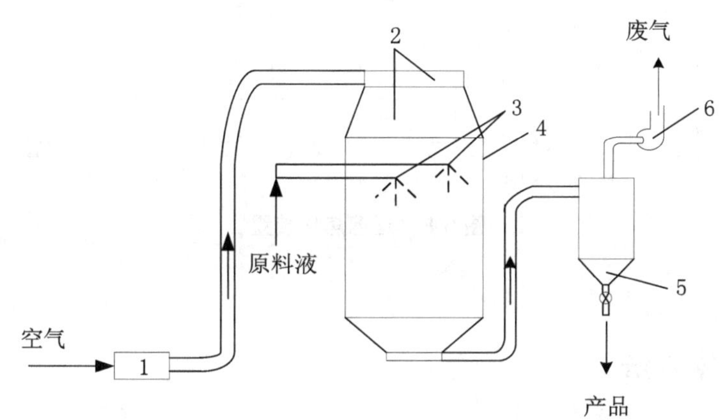

1—预热机；2—空气分布器；3—雾化器；4—干燥器；5—旋风分离器；6—风机

图 6-7 喷雾干燥流程

6.4.13 延迟焦化

延迟焦化过程是石油焦化中的一种主要加工过程。该过程采用加热炉将原料加热到反应温度，并在高流速、短停留时间的条件下，使原料基本不发生或只发生少量裂化反应就迅速离开加热炉而进入其后绝热的焦炭塔内，借助于自身的热量，原料在“延迟”的状态下进行裂化和生焦缩合反应（见图 6-8）。延迟焦化是炼油厂采用热裂化工艺改质和转化渣油（如常压渣油、减压渣油等）为气体、液体产品和浓缩碳物质的固体石油焦炭的工艺过程。延迟焦化工艺过程能处理的原料约有 60 种，产品有气体、汽油、柴油、蜡油和焦炭等。在整个延迟焦化生产过程中，挥发性有机物 VOCs 会从生产装置中逸散出来。

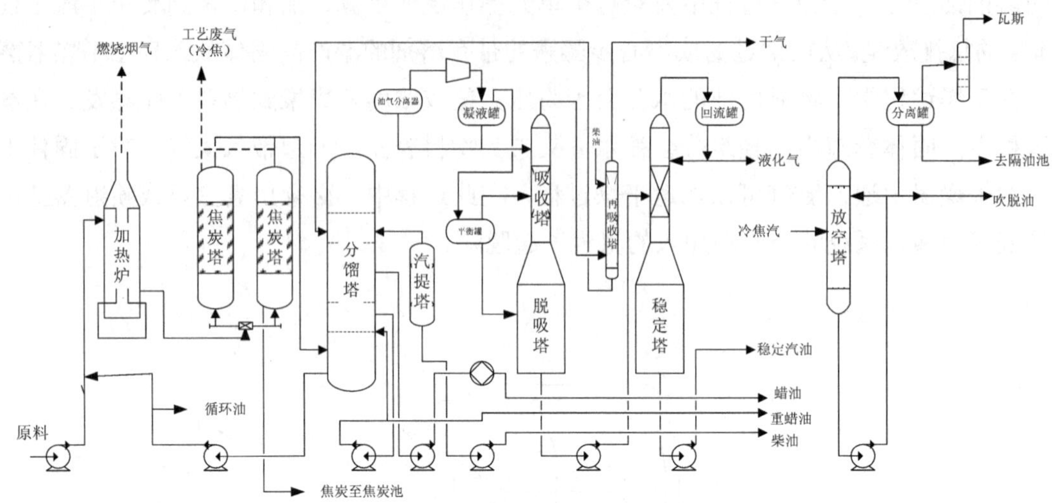

图 6-8　延迟焦化装置

6.5　推荐估算方法

6.5.1　物料衡算法

物料衡算法是基于某物质在一个操作过程中质量守恒定律来估算 VOCs 排放量。在使用 VOCs 溶剂进行某一作业前对初始溶剂量进行计量，完成工艺操作后，收集所有剩余废溶剂并进行计量和组成分析。

$$E_{\text{工艺无组织废气}i}=\sum_{j=1}^{J}W_{\text{输入}j}-\sum_{k=1}^{K}W_{\text{输出}k} \tag{6-1}$$

式中：$E_{\text{工艺无组织废气}i}$—— 第 i 个工艺无组织废气污染源 VOCs 的排放量，t/a；

j—— 系统输入 VOCs 环节，第 j 个输入环节；

J—— 输入环节个数，如原料输入、各类助剂带入等；

$W_{\text{输入}j}$—— 第 j 个输入环节输入的 VOCs 量，t/a；

k—— 系统输出 VOCs 环节，第 k 个输出环节；

K—— 输出环节个数，如产品、副产品、废水、固废带出等；

$W_{\text{输出}k}$—— 第 k 个输出环节输出的 VOCs 量，t/a。

6.5.2 公式法

6.5.2.1 反应釜充装过程

反应釜充装的置换操作中排放的溶剂蒸汽量是向反应釜注入液体体积、注入物流和前期注入反应釜物流所含每一个组分的平衡蒸汽压、相关挥发性有机物蒸汽饱和度的函数。

使用理想气体定律计算充装操作过程中的排放量。式（6-3）中假设释放气中 i（单物质）的分压是饱和分压。

$$E_{0,\mathrm{B}} = \sum_{i=1}^{n} E_i \tag{6-2}$$

$$E_i = \frac{p_i V}{RT} M_i \tag{6-3}$$

式中：$E_{0,\mathrm{B}}$ —— 统计期内每批次挥发性有机物 VOCs 逸散总量，kg;

E_i —— 核算期内蒸汽置换 i（单物质）的排放量，kg;

M_i —— i（单物质）的摩尔质量，g/mol;

p_i —— i（单物质）的有效蒸汽压［见式（6-4）］，kPa，若未知，可由安托因方程计算，饱和度取 100%;

V —— 充装操作产生的置换体积，m^3;

R —— 理想气体常数，8.314 $Pa \cdot m^3/(mol \cdot K)$;

T —— 充装液体的温度，K。

（1）向空反应釜装料

当向空反应釜充装溶剂混合物时，可以基于装料物流组成计算置换的蒸汽组成。

$$p_i = x_i \lambda_i P_i \tag{6-4}$$

式中：p_i —— 在温度 T 下，i（单物质）的有效蒸汽压，kPa;

x_i —— i（单物质）的摩尔分数;

γ_i —— i（单物质）的活度系数，理想状态下取值为 1;

P_i —— 在温度 T 下，i（单物质）的饱和蒸汽压，kPa。

（2）用与反应釜内物料混溶组分充装已有物料的反应釜

用反应釜初始和加入的物料量可以计算任意充装操作点时反应釜内物料的组成。

$$\varphi_{\mathrm{A}} = \frac{N_{\mathrm{A}}}{N_{\mathrm{A}} + N_{\mathrm{B}}} \tag{6-5}$$

式中：φ_{A} —— 充装过程中任一点进料物料混合物（A）在反应釜内的稀释度;

N_{A} —— 充装到反应釜的进料物料混合物（A）的摩尔数，mol;

N_B—— 釜内原始已有混合物（B）的摩尔数，mol。

反应釜内组分混合后进料物料 A 的平均稀释度$\overline{\varphi_A}$：

$$\overline{\varphi_A}=1+\frac{N_B}{N_A}\ln\left(\frac{N_B}{N_A+N_B}\right) \tag{6-6}$$

可以使用相似的计算方法计算充装过程中已有混合物 B 的平均稀释系数$\overline{\varphi_B}$。

$$\overline{\varphi_B}=\frac{N_B}{N_A}\ln\left(\frac{N_B}{N_A+N_B}\right) \tag{6-7}$$

$\overline{\varphi_A}$和$\overline{\varphi_B}$确定后，用每一个混合物组成与其平均稀释系数的乘积可以计算充装操作过程中反应釜各组分的平均组成。

$$x_{i,A}=\overline{\varphi_A}\times x_{0,i} \tag{6-8}$$

$$x_{i,B}=\overline{\varphi_B}\times x_{0,i} \tag{6-9}$$

式中：x_i—— 该批次挥发性有机物组分 i 的平均摩尔分数；

$x_{0,i}$—— 进料物料/反应釜已有物料中物料组分 i 的摩尔分数。

6.5.2.2 工艺加热过程

反应釜内物料升温过程的 VOCs 产生量用理想气体方程和气-液平衡原理计算。

公式法计算升温损失需满足以下假设：升温过程中反应釜是封闭的，溶剂蒸汽仅通过排气管排放；升温过程中不向反应釜中添加物料；物料液体与 VOCs 蒸汽平衡，并达到饱和状态；升温过程中反应釜中蒸汽气相空间的摩尔组成变化，但平均蒸汽气相空间体积保持不变。

$$E_{0,B}=\sum_{i=1}^{n}\left(N_i\times M_i\times 10^{-3}\right) \tag{6-10}$$

式中：$E_{0,B}$—— 统计期内每批次挥发性有机物 VOCs 逸散总量，kg；

N_i—— 每批次升温作业 VOCs 组分 i（单物质）产生摩尔数，mol，见式（6-11）；

M_i—— 产生 VOCs 组分 i（单物质）摩尔质量，g/mol。

根据理想气体定理，随着温度升高，容器摩尔容量减少，同时，挥发性物料的蒸汽压升高，此过程产生的 VOCs 按式（6-11）计算。

$$N_i=N_{avg}\ln\left(\frac{P_{nc,1}}{P_{nc,2}}\right)-(n_{i,2}-n_{i,1})_{\text{反应釜}} \tag{6-11}$$

式中：N_{avg}—— 温度升高过程中蒸汽平均摩尔数，mol；

$P_{nc,1}$—— 初始温度下设备顶部空间非冷凝气体分压，kPa（绝压）；

$P_{nc,2}$—— 最终温度下设备顶部空间非冷凝气体分压，kPa（绝压）；

$n_{i,2}$—— 末温下设备顶部空间 VOCs 组分 i（单物质）的摩尔数，mol；

$n_{i,1}$—— 初温下设备顶部空间 VOCs 组分 i（单物质）的摩尔数，mol。

当设备内为混合物质时，式（6-11）估算的是 VOCs 产生总摩尔数，$n_{i,1}$ 和 $n_{i,2}$ 是设备顶部 VOCs 的总摩尔数。N_{avg} 按式（6-12）计算：

$$N_{avg}=\frac{1}{2}(n_1+n_2) \tag{6-12}$$

式中：n_1—— 初温下设备顶部 VOCs 的总摩尔数，mol；

n_2—— 末温下设备顶部 VOCs 的总摩尔数，mol。

总摩尔数 n_1、n_2 可以用式（6-13）和式（6-14）理想气体方程式求得：

$$n_1=\frac{P_1V}{RT_1}\times10^3 \tag{6-13}$$

$$n_2=\frac{P_2V}{RT_2}\times10^3 \tag{6-14}$$

式中：P_1—— 初始温度下的总压，kPa（绝压）；

P_2—— 最终温度下的总压，kPa（绝压）；

V—— 设备内气体体积，m^3；

R—— 理想气体常数，8.314 $Pa{\cdot}m^3$/（mol·K）；

T_1—— 设备内气体初温，K；

T_2—— 设备内气体末温，K。

6.5.2.3 真空操作过程

真空操作排放量的计算基于流出物回收器中冷凝物的体积、组成和温度。另外，必须计量不凝气流率（空气泄漏率和氮气加入速率）和操作真空度。

$$E_{0,B}=\sum_{i=1}^{n}E_i \tag{6-15}$$

$$E_i=N_i\times M_i\times10^{-3} \tag{6-16}$$

$$N_i=N_{nc}\frac{P_i}{P_{nc}} \tag{6-17}$$

式中：$E_{0,B}$—— 统计期内每批次挥发性有机物 VOCs 逸散总量，kg；

E_i—— 核算期内挥发性有机物 i（单物质）的排放量，kg；

M_i—— 挥发性有机物 i（单物质）的摩尔质量，g/mol；

N_i—— 从过程中排出的挥发性有机物 i（单物质）的摩尔数，mol；

N_{nc}—— 从过程中排出的不凝气的总摩尔数，mol；

P_i—— 挥发性有机物 i（单物质）的分压（按饱和蒸汽压计算），kPa；

P_{nc} —— 在饱和溶剂分压条件下不凝气的分压，kPa。

真空泵从系统中脱除的不凝气组分的总摩尔数 N_{nc}，可由式（6-18）计算。

$$N_{nc}=N_{nc-泄漏}+N_{nc-置换}+N_{nc-加入} \tag{6-18}$$

式中：N_{nc} —— 用真空泵从系统中脱除的不凝气组分的总摩尔数，mol；

$N_{nc-泄漏}$ —— 泄漏到系统中空气的摩尔数，mol；

$N_{nc-置换}$ —— 由冷凝物置换的空气摩尔数，mol；

$N_{nc-加入}$ —— 作为吹扫气加入的空气或氮气的摩尔数，mol。

泄漏到系统中空气的摩尔数可根据真空泵抽取的实际速率、时间、不凝气与挥发性有机物 i（单物质）的体积分数估算得出。

6.5.2.4 净化/气体吹扫过程

气体吹扫排放是指在间歇式生产开始前和结束后，为清除设备和管道内的残余蒸气或含有蒸气的空气，用气体（氮气等）吹扫设备和管道等，防止不必要的化学反应发生，置换出残余气体造成 VOCs 产生的过程。

$$E_{0,B}=\sum_{i=1}^{n}E_i \tag{6-19}$$

（1）净化或气体吹扫空反应釜

$$E_i=\frac{P_{i,1}V}{RT}\left(1-e^{-Ft/V}\right)M_i \tag{6-20}$$

式中：$E_{0,B}$ —— 统计期内每批次挥发性有机物 VOCs 逸散总量，kg；

E_i —— 核算期内蒸气置换挥发性有机物 i（单物质）的排放量，kg；

M_i —— i（单物质）的摩尔质量，g/mol；

$P_{i,1}$ —— i 物质在初始条件下的饱和蒸汽压，kPa；

V —— 空置时反应釜的气相空间体积，m^3；

R —— 理想气体常数，8.314 $Pa·m^3$/（mol·K）；

T —— 前期充装液体的温度，K；

F —— 净化吹扫气的流率，m^3/h；

t —— 净化吹扫持续的时间，h。

（2）有物料反应釜的净化和吹扫

在控制流量的条件下把空气或其他不凝气体直接通入反应釜中。一般假设在一定的流速范围内反应釜在净化吹扫过程中排出气体是与反应釜内液体组分达到气液平衡或饱和的气体。

$$E_i=N_{nc}\frac{S_iP_i^{sat}}{P_{nc}^{sat}}M_it\times10^{-3} \tag{6-21}$$

式中：E_i —— 核算期内蒸气置换挥发性有机物 i（单物质）的排放量，kg；

M_i —— i（单物质）的摩尔质量，g/mol；

S_i —— 排放气中挥发性有机物的饱和度，其值一般为 0～1.0。1.0 表示排放气与容器内挥发性组分达到平衡；

N_{nc} —— 单位时间排放不凝气的摩尔数，等于输入速率，mol/h；

P_i^{sat} —— 组分 i（单物质）在饱和条件下的分压（按饱和蒸汽压计算），kPa；

P_{nc}^{sat} —— 在饱和溶剂压力条件下的不凝气分压，kPa；

t —— 净化吹扫持续的时间，h。

当设定反应釜出气的排放速率等于反应釜内蒸发速率时，饱和度系数 S_i 可由式(6-22)得出。

$$S_i = \frac{P_i}{P_i^{sat}} = \frac{K_i A}{K_i A + F} = \frac{K_i A}{K_i A + F_{nc} + S_i F_i^{sat}} \tag{6-22}$$

其中：

$$K_i = K_0 \left(\frac{M}{M_i} \right)^{\frac{1}{3}} \tag{6-23}$$

用每个组分的饱和蒸汽压、输入吹扫气体流率和在饱和条件下不凝气的分压可估算每个组分的饱和分体积流率。

$$F_i^{sat} = F_{nc} \frac{P_i^{sat}}{P_{nc}^{sat}} = F_{nc} \frac{P_i^{sat}}{\left(P_{sys} - P_i^{sat}\right)} \tag{6-24}$$

式中：P_i —— 挥发性有机物 i（单物质）的分压（按饱和蒸汽压计算），kPa；

K_i —— 挥发性有机物 i（单物质）的传质系数，m/s；

K_0 —— 参考组分（一般为水）的传质系数，0.008 3 m/s；

M_i —— 挥发性有机物 i（单物质）的摩尔质量，g/mol；

M_0 —— 参考组分（一般为水）的摩尔质量，18.02 g/mol；

A —— 液体表面积，m^2；

F —— 净化吹扫气的流率，m^3/h；

F_{nc} —— 不凝气的体积流率，m^3/h；

F_i^{sat} —— 在饱和蒸汽压下挥发性有机物 i（单物质）的体积流率，m^3/h；

P_{sys} —— 系统压力，kPa。

使用标准二次方程的解可以计算 S_i。尽管标准二次方程含有两个根，由于 S_i 必须是 0～1.0 的正数，式（6-25）的唯一解是实数值。

二次方程的解：

$$S_i = \frac{-(K_i A + F_{nc}) + \sqrt{(K_i A + F_{nc})^2 + 4F_i^{sat} K_i A}}{2F_i^{sat}} \tag{6-25}$$

使用式（6-26）计算挥发性单物质 i 的排放速率，可以使用 S_i，且 $P_i = S_i P_i^{sat}$。

$$E_i = \frac{M_i S_i F_i^{sat} P_{sys}}{RT} \tag{6-26}$$

对于多组分液体混合物，可以扩展式（6-22），用于计算液体中每一个挥发组分的分体积流量。

$$S_{i+1} = \frac{K_i A}{K_i A + F_{nc} + S_i F_i^{sat} + S_j F_j^{sat} + \cdots + S_n F_n^{sat}} \tag{6-27}$$

式中，i 是要计算饱和度的物质，j～n 表示液体中其他组分。用迭代法解式（6-27），给每一个组分的原始 S 值赋初始值 1.0。每一个组分计算的 S 值用于下一次迭代的起点。最终，当计算的每一个组分的饱和度 S 与上次迭代计算值相同，计算过程终止。

6.5.2.5 泄压/降压过程

估算用于含挥发性有机液体混合物和不凝气组分（空气、氮气）反应釜的泄压溶剂排放，需要设定以下假设条件：

①系统的降压过程是线性的；

②忽略操作过程中漏入反应釜的空气；

③操作过程中液体和气体的温度保持一定；

④泄压过程中反应釜的气相空间的气体与釜内挥发性液体组分保持平衡。

以下两种公式方法可任选其一。

泄压过程可利用式（6-28）和式（6-29）计算得出泄压过程中 VOCs 的排放量。

$$E_{0,B} = \sum_{i=1}^{n} E_i \tag{6-28}$$

$$E_i = \frac{P_i (V_2 - V_1)}{RT} M_i \tag{6-29}$$

式中：$E_{0,B}$ —— 统计期内每批次挥发性有机物 VOCs 逸散总量，kg；

E_i —— 反应釜中挥发性有机物 i（单物质）的排放量，kg；

M_i —— 挥发性有机物 i（单物质）的摩尔质量，g/mol；

V_1 —— 泄压前气相空间体积，m^3；

V_2 —— 泄压后气相空间体积，m^3；

P_i —— 挥发性有机物 i（单物质）的分压（按饱和蒸汽压计算），kPa；

R—— 理想气体常数，8.314 Pa·m^3/（mol·K）；

T—— 系统温度，K，假设恒定不变。

泄压过程也可利用式（6-30）计算得出泄压过程中 VOCs 的排放量。

$$E_i = \frac{VP_i}{RT}\ln\left(\frac{P_{\mathrm{nc},1}}{P_{\mathrm{nc},2}}\right)M_i \tag{6-30}$$

式中：E_i—— 反应釜中挥发性有机物 i（单物质）的排放量，kg；

M_i—— 挥发性有机物 i（单物质）的摩尔质量，g/mol；

V—— 反应釜气相空间体积，m^3；

P_i—— 挥发性有机物 i（单物质）的分压（按饱和蒸汽压计算），kPa；

R—— 理想气体常数，8.314 Pa·m^3/（mol·K）；

T—— 系统温度，K，假设恒定不变；

$P_{\mathrm{nc},1}$—— 初始条件下不凝气组分的分压，kPa；

$P_{\mathrm{nc},2}$—— 终点条件下不凝气组分的分压，kPa。

6.5.2.6 蒸发

可以把液体的蒸发速率表示为所考虑化合物几个性质的函数。

$$E_{0,B} = \sum_{i=1}^{n} E_i \tag{6-31}$$

$$E_i = \frac{M_i K_i A\left(P_i^{\mathrm{sat}} - P_i\right)}{RT_{\mathrm{L}}} \times t \times 3\,600 \tag{6-32}$$

式中：$E_{0,\mathrm{B}}$—— 统计期内每批次挥发性有机物 VOCs 逸散总量，kg；

E_i—— 蒸发过程中挥发性有机物 i（单物质）排放量，kg；

M_i—— 挥发性有机物 i（单物质）摩尔质量，g/mol；

K_i—— 挥发性有机物 i（单物质）的传质系数，m/s；

A—— 蒸发表面积，m^2；

P_i^{sat}—— 组分 i（单物质）在饱和条件下的分压（按饱和蒸汽压计算），kPa；

P_i—— 近液体表面实际蒸汽压，kPa；

R—— 理想气体常数，8.314 Pa·m^3/（mol·K）；

T_{L}—— 液体的绝对温度，K；

t—— 蒸发持续时间，h。

任何情况下，$P_i^{\mathrm{sat}} \gg P_i$，式（6-32）可以简化为

$$E_i = \frac{M_i K_i A P_i^{\mathrm{sat}}}{RT_{\mathrm{L}}} t \times 3\,600 \tag{6-33}$$

可以使用式（6-33）估算敞口容器中挥发液体的蒸发速率或液体泼溅。

根据式（6-34）和式（6-35），可估算给定挥发性化合物的质量传递系数，见式（6-36）。

$$\frac{K_i}{K_0}=\left(\frac{D_i}{D_0}\right)^{\frac{2}{3}} \tag{6-34}$$

$$\frac{D_i}{D_0}=\left(\frac{M_0}{M_i}\right)^{\frac{1}{2}} \tag{6-35}$$

式中：D_i—— 挥发性有机物 i（单物质）的气相扩散系数，m/s；

D_0—— 参考组分（一般为水）的气相扩散系数，m/s。

连解式（6-34）和式（6-35）：

$$K_i=K_0\left(\frac{M_0}{M_i}\right)^{\frac{1}{3}} \tag{6-36}$$

式中：K_i—— 挥发性有机物 i（单物质）的传质系数，m/s；

K_0—— 参考组分（一般为水）的传质系数，0.008 3 m/s；

M_i—— 挥发性有机物 i（单物质）的摩尔质量，g/mol；

M_0—— 参考组分（一般为水）的摩尔质量，18.02 g/mol。

式（6-36）可以用于估算给定挥发性化合物的质量传递系数。对于估算多数化合物的质量传递系数，水是常用的基本参考物质。在 298.15 K 和 101.325 kPa 条件下，水的质量传递系数是 0.008 3 m/s。

6.5.2.7 溶剂回收系统

根据进入溶剂回收系统的溶剂量、实际回收溶剂量、进入废水处理系统的溶剂量、进入废气处理系统的溶剂量、进入固体废物中的溶剂量，核算溶剂回收系统的挥发性有机物 i（单物质）的排放量。

$$E_{i,溶剂回收系统}=E_{i,加入量}-E_{i,废水}-E_{i,废气}-E_{i,固废} \tag{6-37}$$

6.5.2.8 气体产生逸出过程

特定工艺过程，在反应过程中生成以化学反应计量的释放气。这些气体逸出时会带出部分溶剂中的 VOCs，即气体逸出损失。假设排出的释放气完全被反应釜中挥发性组分的蒸气饱和，可以估算这种类型操作的排放量。基于纯组分蒸汽压、混合物组成和非理想组分的活度系数，计算每一个组分的蒸汽压，最终得出此类型操作的总排放量。

$$E_{0,\mathrm{B}}=\sum_{i=1}^{n}E_i \tag{6-38}$$

$$E_i = \sum E_{n\text{-rxn}} \times \frac{P_i}{\sum P_{\text{rxn}}} M_i \times 10^{-3} \tag{6-39}$$

式中：$E_{0,\text{B}}$—— 每批次挥发性有机物 VOCs 逸散总量，kg；

E_i—— 过程中挥发性有机物 i（单物质）排放量，kg；

M_i—— 挥发性有机物 i（单物质）摩尔质量，g/mol；

$\sum E_{n\text{-rxn}}$—— 工艺过程中排出的反应释放气的总摩尔数，mol；

P_i—— 挥发性有机物 i（单物质）的分压（按饱和蒸汽压计算），kPa；

$\sum P_{\text{rxn}}$—— 在饱和溶剂压力条件下不凝气的分压，kPa。

由化学反应确定反应释放气的量。当估算实际离开系统的反应释放气量时，也应考虑其他因素。例如，若反应释放气部分溶解在工艺溶剂中，只有未溶解的反应释放气通过排放口排出反应釜，企业需提供相关监测数据。若反应释放气的溶解度未知，则以反应释放气全部通过排放口排出计算。

6.5.2.9 过滤

过滤操作包括浆态进料、过滤、滤液回收，使用充装模型，基于送入工艺过程浆料的总体积，核算过滤操作中每个过程的挥发性有机物 i 的排放量。通常把空气或氮气通入过滤器，置换残留在固体滤饼上的液体，液体进入滤液回收器。使用充装模型核算此操作过程产生的挥发性有机物 i 排放量，滤液回收器排放量的计算应包括吹扫气，并基于过滤液组成核算，其中排放气饱和度设为 100%。

另一种核算方法可参考 6.5.2.11 节中 VOCs 排放量核算方法。

6.5.2.10 蒸馏

典型的蒸馏/分馏过程涉及几个独立的排放模型化步骤。

①初始的充装步骤，把废溶剂充入空的分馏釜。该过程使用标准的充装模型进行计算，详见反应釜充装部分。

②加热步骤，把废溶剂的温度升高到溶剂的沸点温度。该过程可参考加热模型及理想气体方程，需要假设加热后蒸馏釜气相空间只含有饱和的挥发性有机物蒸气，氮气等其他气体均被排出。

③回收步骤，在回收容器中收集净化后的馏出物。使用充装模型计算。

④在蒸馏过程完成时，一般要冷却蒸馏釜中残留的废溶剂。若无氮气吹扫，则此过程的排放量可忽略不计；若有氮气吹扫，则使用气体吹扫模型进行计算。

⑤排出步骤，把回收的溶剂送入溶剂保存区或罐。

6.5.2.11 离心

①根据挥发性有机物的蒸发强度、实际蒸发面积之和、挥发性有机物蒸发时间核算离心分离/过滤过程的挥发性有机物 i（单物质）的排放量。

$$E_{0,\mathrm{B}}=\sum_{i=1}^{n}E_i \tag{6-40}$$

$$E_i=M_{\mathrm{ev}}\times(1\,000am+A)(1.45t_1+t_2) \tag{6-41}$$

式中：$E_{0,\mathrm{B}}$—— 统计期内每批次挥发性有机物 VOCs 逸散总量，kg；

E_i—— 离心分离/过滤操作中挥发性有机物 i（单物质）的排放量，kg；

M_{ev}—— 蒸发强度，单位时间内垂直于扩散方向单位面积上蒸发的挥发性有机物 i（单物质）的质量，kg/（m^2·h）；

a—— 滤饼的比表面积，m^2/g；

m—— 滤饼的质量，kg；

A—— 离心/过滤装置的内表面积，m^2；

t_1—— 离心/过滤时间，h；

t_2—— 静止时间，h。

$$M_{\mathrm{ev}}=Q_{\mathrm{m}}/S \tag{6-42}$$

式中：Q_{m}—— 蒸发速率，kg/h；

S—— 表面积，m^2。

$$Q_{\mathrm{m}}=\frac{M_iK_iA\left(P_i^{\mathrm{sat}}-P_i\right)}{RT_{\mathrm{L}}} \tag{6-43}$$

式中：M—— 挥发性有机物 i 的摩尔重量，g/mol；

K—— 挥发性有机物 i 的质量传递系数，m/h；

A—— 蒸发表面面积，m^2；

P_i^{sat}—— 挥发性有机物 i 的饱和溶剂蒸汽压，kPa；

P_i—— 近液体表面的实际蒸汽压，kPa；

R—— 理想气体常数；

T_{L}—— 液体的绝对温度，K。

②离心分离操作包括进料、过滤液排出、洗涤、洗涤液排出、脱饼。

进料过程可使用带气体吹扫的充装模型计算 VOCs 排放量。若离心机与其他附属设备（如封闭的底部出料器）紧密连接，则可以忽略气体吹扫速率。洗涤过程的排放计算应集中于过滤液回收器，基于进入过滤液回收器的洗涤溶剂体积及吹扫气体积，核算排放量。

6.5.2.12 真空干燥

真空干燥包括在真空盘式干燥器或转鼓干燥器中干燥产品固体。

真空干燥至少包括 4 个独立的单元操作：①把工艺物料放入干燥器；②降低系统压力到设计水平；③加热产生蒸发；④在回收器收集溶剂馏出物。

（1）公式法

从前期过滤或离心步骤来的带有溶剂的湿产品固体放入真空干燥器蒸发。从集料斗、桶或其他容器把要干燥的物料转入干燥托盘里并均匀散开，这样干燥过程是均匀的。

公式法一般采用前述提到的基本蒸发模型来估算湿产品固体滤饼的蒸发损失。因为每一工艺不同，加工的物料颗粒大小、溶剂含量、暴露条件和其他变量都会发生变化，且溶剂通过产品滤饼扩散不同于固定表面积的连续液面，所以，预测湿固体的蒸发速率是困难的，用基本蒸发模型估算湿产品固体滤饼的蒸发损失是保守的方法。

（2）实测法、物料衡算法

量化蒸发速率的另一个方法是用代表性的湿滤饼样品测量干燥过程产生的重量流失，即蒸发强度，进行物料平衡研究。然后根据湿分损失结果进行进一步估算。详细内容可参考 6.5.2.11 节离心分离部分的内容。

6.5.3 排放系数法

延迟焦化

该方法只适用于延迟焦化装置切焦过程 VOCs 排放量的估算。

$$E_{焦化切焦,i} = \text{Flow}_{进料} \times \text{EF} \times t \tag{6-44}$$

式中：$E_{焦化切焦,i}$—— 第 i 个延迟焦化装置切焦过程 VOCs 排放量，t/a；

Flow$_{进料}$—— 延迟焦化装置进料量，t/h；

EF—— 单位进料 VOCs 排放系数，$t_{VOCs}/t_{装置进料}$，见表 6-18；

t—— 装置年运行时间，h/a。

表 6-18　延迟焦化装置切焦过程 VOCs 排放系数

污染物名称	切焦温度/℃	排放系数/（$t_{VOCs}/t_{装置进料}$）
VOCs	510	1.19×10^{-4}
	505	1.32×10^{-4}
	500	1.47×10^{-4}
	495	1.63×10^{-4}
	490	1.81×10^{-4}

6.6 报告格式

排查报告格式及内容见表 6-19。

表 6-19 工艺无组织污染源 VOCs 排查报告

排查项目	企业工艺无组织污染源 VOCs 排查
排查单位	××公司
监测实施单位	××公司
报告编制单位	××公司
排查时间	××××年××月××日
监测时间	××××年××月××日
工艺无组织污染源基本情况（填写模板）	目前，本企业生产规模为×× 10^4 t/a（何种产品）。在役工艺装置数量、装置规模、采用的工艺技术或生产方法、涉及的单元操作源项、燃料种类及消耗量；工艺无组织污染源排放位置、废气处理设施数量、规模、服务范围、采用的工艺技术，处理效率
工艺无组织核算涉及的单元操作	□充装 □真空 □降压 □溶剂回收 □离心/过滤 □加热 □气体吹扫（空反应釜）□气体吹扫（有物料反应釜）□蒸发/泼洒 □反应生成气体逸出 □延迟焦化
工艺无组织污染源 VOCs 排放估算结果及评估（填写模板）	选用方法：□物料衡算法 □公式法 □排放系数法 监（检）测报告、监（检）测记录值与计算时所用数据： ○一致 ○不一致 核算过程：○正确 ○不正确 企业××年度工艺无组织污染源 VOCs 排放量约为××t
工艺无组织污染源 VOCs 排放削减潜力分析（填写思路）	基于装置加工的工艺过程及操作方式，从改进落后生产工艺、采用清洁化及密闭化的生产方法、提高自动化及密闭化操作水平、设备选型、达标排放等方面分析企业优化的潜力和可实施性
备注	在不合规的情况下，应说明整改计划。其他需要说明的排查结果

6.7 管理要求与建议

针对部分工业生产企业，由于生产规模、行业特点、管理水平、环保理念等各方面的局限与缺失，反应釜物料的充装仍采用人工喷溅式填料，或液体已采用管式进料但仍是喷溅式。喷溅式填料的挥发原理与喷溅式装车相似，会以 1.45 倍的速度加快物料的挥发，反应釜内挥发性有机废气直接从填料口逸散，造成无组织排放。

①优先选用低挥发性原辅材料，采用先进密闭的生产工艺，加强易泄漏环节的密闭性。

②优先选择密闭的生产工艺及生产设备，减少生产过程中 VOCs 的无组织排放。

③含挥发性有机物的物料，其采样口选用密闭采样器。

④VOCs 物料应储存在密闭的容器、包装袋、储罐、储库和料仓中。

⑤盛装 VOCs 物料的容器或包装袋应存放于室内，或存放于设置有雨棚、遮阳和防渗设施的专用场地。盛装 VOCs 物料的容器或包装袋在非取用状态时应加盖、封口、保持密闭。

⑥根据物料特性和投料量，将人工投料改为密闭投料方式。优化反应釜加料方式，将顶部喷溅式装料优化为沿釜壁充装或液下充装。

⑦对产生挥发性有机气体的离心系统、抽滤、压滤机等设备进行全密闭生产改进，尽量达到系统内部带压运行。

⑧针对离心过滤设备，在设备上增加吸收管线，将离心操作结束后的气体导入尾气处理设施后再开盖。对于涉有集气罩的离心设备，可以适当地降低集气罩高度，并加强设备的密闭性。

⑨对于目前工艺技术无法达到密闭生产，且存在 VOCs 逸散的环节，建议设置局部或整体的气体收集系统和净化处理设施，变无组织排放为有组织排放，并保证尽可能高的收集效率和处理效率。

⑩液态 VOCs 物料应采用密闭管道输送。采用非管道输送方式转移液态 VOCs 物料时，应采用密闭容器、罐车。

⑪粉状、粒状 VOCs 物料应采用气力输送设备、管状带式输送机、螺旋输送机等密闭输送方式，或者采用密闭的包装袋、容器或罐车进行物料转移。

⑫液态 VOCs 物料应采用密闭管道输送方式或采用高位槽（罐）、桶泵等给料方式密闭投加。无法密闭投加的，应在密闭空间内操作，或进行局部气体收集，废气应排至 VOCs 废气收集处理系统。

⑬粉状、粒状 VOCs 物料应采用气力输送方式或采用密闭固体投料器等给料方式密闭投加。无法密闭投加的，应在密闭空间内操作，或进行局部气体收集，废气应排至除尘设施、VOCs 废气收集处理系统。

⑭无组织排放变为有组织排放时，应对废气的处理进行综合分析，首先应选择回收利用，不能回收利用时再采取焚烧等处理措施。典型的 VOCs 控制系统由收集设施和去除设施构成。收集设施（罩或盖）捕捉排放区域释放到空气中的 VOCs 送到去除设施处理，在《挥发性有机物无组织排放控制标准》（GB 37822—2019）标准管控范围的有组织排放废气的处理效率不得低于 80%。

6.8 估算方法案例

案例一：用物料衡算法核算设备清洗过程 VOCs 的排放量

用新鲜甲苯做溶剂清洗某反应釜。初始充入的甲苯量为 158.76 kg，操作完成后收集到 157.63 kg 废甲苯，对废甲苯样品进行分析，结果废甲苯中甲苯重量百分比为 98.8%。核算本次操作过程中排放的甲苯量。

解：核算本次操作过程中排放的甲苯量

$$E_{甲苯}=\sum_{j=1}^{J}W_{输入甲苯j}-\sum_{k=1}^{K}W_{输出甲苯k}=158.76-(157.63\times 98.8\%)=3.02\ \text{kg}$$

案例二：公式法向空反应釜中充装纯溶剂过程 VOCs 排放量

在环境条件下（25℃，1 个大气压），用 1 h，向 18.93 m^3 的反应器中充装 13.63 m^3 己烷。事前用氮气充满空反应釜，反应釜的排放气排向大气。计算这个过程的己烷排放量。

解：步骤 1. 用下列条件定义置换气

T=25℃=298 K

$P_{系统}$=1.0 个大气压=101.325 kPa

$V_{置换}$=13.63 m^3

时间=1 h

常数和关系式：

气体常数 R=8.314 Pa·m^3/（mol·K）

安托因方程 $P_i=10^{\left(A-\frac{B}{T+C}\right)}$

理想气体定律 $n=\dfrac{PV}{RT}$ 或气相空间中 i 组分 $n_i=\dfrac{P_iV}{RT}$

气相空间的分压和 $P_T=\sum_{i=1}^{N}P_i$

气相空间组分摩尔数和 $N_T=\sum_{i=1}^{N}n_i$

步骤 2. 置换气中每一组分量的计算

液体中己烷是唯一组分，己烷的蒸汽压是系统温度（25℃）的唯一函数。用系统总压 101.325 kPa 与己烷的分压的差确定氮气分压。己烷的蒸汽压可以用下列安托因方程计算：

$$P_{己烷}=10^{\left(6.870\,24-\frac{1\,168.72}{25+224.21}\right)}=10^{2.180\,54}=151.544\ \text{mmHg}=20.204\ \text{kPa}$$

理想气体定律 $N_{己烷}=\dfrac{P_{己烷}V}{RT}=\dfrac{20.204\times13.63}{8.314\times298.15}=0.111\ \text{kmol}$

排放量 $E_{己烷}=0.111\times86.18=9.574\ \text{kg}$

案例三：公式法向已有物料的反应釜充装过程中 VOCs 排放量

向反应釜中添加 20℃的丙酮 1.14 m^3。反应釜中已有物料是 20℃的庚烷（42%摩尔分数）和甲苯（58%摩尔分数），反应釜体积为 5.68 m^3。系统压力是 101.325 kPa，0.5 h 完成添加过程。计算这个过程的 VOCs 排放量。

解：步骤 1. 确定置换气的条件

系统温度 $T=20℃=293.15\ \text{K}$

系统总压 $P_{系统}=1.0$个大气压$=101.325\ \text{kPa}$

置换体积 $V_{置换}=1.14\ \text{m}^3$

时间=0.5 h

常数和关系式

气体常数 R=8.314 Pa·m^3/（mol·K）

安托因方程 $P_i=10^{\left(A-\frac{B}{T+C}\right)}$

理想气体定律 $n=\dfrac{PV}{RT}$ 或气相空间中 i 组分 $n_i=\dfrac{P_iV}{RT}$

气相空间的分压和 $P_T=\sum_{i=1}^{N}P_i$

气相空间组分摩尔数和 $N_T=\sum_{i=1}^{N}n_i$

步骤2. 计算充装物料和已有物料的稀释系数

充装物料分析

VOCs物质种类	摩尔质量/(g/mol)	密度/(kg/m^3)	充装体积/m^3	充装重量/kg	摩尔数/mol	x_i
丙酮	58.08	0.788	1.14	0.898 32	15.47	1.00
合计	—	—	—	—	15.47	1.00

已有物料分析

VOCs物质种类	摩尔质量/(g/mol)	密度/(kg/m^3)	充装体积/m^3	充装重量/kg	摩尔数/mol	x_i
庚烷	100.205	0.684	2.84	1.942 56	19.39	0.42
甲苯	92.13	0.866	2.84	2.459 44	26.70	0.58
合计	—	—	—	—	46.09	1.00

$$\overline{\varphi_A} = 1 + \frac{N_B}{N_A}\ln\left(\frac{N_B}{N_A+N_B}\right)$$
$$= 1 + \frac{46.09}{15.47}\ln\left(\frac{46.09}{15.47+46.09}\right)$$
$$= 1 + 2.98\ln(0.749) = 0.138$$

计算反应釜中已有物料的稀释系数

$$\overline{\varphi_B} = -\frac{N_B}{N_A}\ln\left(\frac{N_B}{N_A+N_B}\right)$$
$$= -\frac{46.09}{15.47}\ln\left(\frac{46.09}{15.47+46.09}\right)$$
$$= -2.98\ln(0.749) = 0.862$$

步骤3. 计算反应釜平均气相组成

VOCs	x_i	φ_A或φ_B	$\overline{x_i}$	P_i/kPa	p_i/kPa
丙酮	1.00	0.138	0.138	24.66	3.403
庚烷	0.42	0.862	0.362	4.74	1.716
甲苯	0.58	0.862	0.50	2.91	1.455
合计	1.00	—	1.00	—	6.574

理想气体定律:

$$N_{丙酮} = \frac{P_{丙酮}V}{RT} = \frac{3.403\times 5.68}{8.314\times 293.15} = 0.007\,93\ \text{kmol}$$

$$N_{庚烷} = \frac{P_{庚烷}V}{RT} = \frac{1.716\times 5.68}{8.314\times 293.15} = 0.004\ \text{kmol}$$

$$N_{甲苯}=\frac{P_{甲苯}V}{RT}=\frac{1.456\times 5.68}{8.314\times 293.15}=0.003\,4\ \text{kmol}$$

排放量：

$$E_{丙酮}=0.007\,93\times 58.08=0.461\ \text{kg}$$

$$E_{庚烷}=0.004\times 100.2=0.401\ \text{kg}$$

$$E_{甲苯}=0.003\,4\times 92=0.313\ \text{kg}$$

$$E_{\text{VOCs}}=0.461+0.401+0.313=1.175\ \text{kg}$$

案例四：内含单一挥发组分反应釜的加热过程中 VOCs 排放量

把一台容积 4.73 m^3，内装有 2.84 m^3 甲苯溶液的反应器从 20℃加热到 70℃，加热过程中反应器向大气排气，计算此过程甲苯排放量。

解：步骤 1. 计算反应釜气相空间的平均摩尔体积

初始温度 $T_i=20℃=293.15\ \text{K}$

终端温度 $T_f=70℃=343.15\ \text{K}$

系统总压 $P_{系统}=1.0个大气压=101.325\ \text{kPa}$

气相空间体积 $V_{\text{gas}}=1.89\ \text{m}^3$

$R=8.314\ \text{Pa}\cdot\text{m}^3/(\text{mol}\cdot\text{K})$

气体定律 $n=\frac{PV}{RT}$ 或 $n_i=\frac{P_iV}{RT}$ 用于气相空间单一组分。

$$N_{\text{avg}}=\frac{1}{2}(n_1+n_2)$$

$$N_{\text{avg}}=\frac{1}{2}\left[\left(\frac{PV}{RT}\right)_1+\left(\frac{PV}{RT}\right)_2\right]=\frac{101.325\times 1.89}{2\times 8.314}\left(\frac{1}{293.15}+\frac{1}{343.15}\right)=0.073\ \text{kmol}$$

步骤 2. 计算氮气的初始和终端分压

使用安托因方程计算甲苯的分压：

$$p_{甲苯,20℃}=10^{\left(6.954\,64-\frac{1\,344.8}{20+219.482}\right)}=21.83\ \text{mmHg}=2.911\ \text{kPa}$$

$$p_{甲苯,70℃}=10^{\left(6.954\,64-\frac{1\,344.8}{70+219.482}\right)}=203.68\ \text{mmHg}=27.155\ \text{kPa}$$

氮气分压是系统总压与甲苯的分压的差：

$$P_{\text{nc},1}=101.325-2.911=98.414\ \text{kPa}$$

$$P_{\text{nc},2}=101.325-27.155=74.17\ \text{kPa}$$

步骤3. 计算加热初始和加热终端反应釜气相空间中甲苯的摩尔数

$$n_{甲苯,1}=\frac{P_{甲苯,1}V}{RT_1}=\frac{2.911\times 1.89}{8.314\times 293.15}=0.002\,3\text{ kmol}$$

$$n_{甲苯,2}=\frac{P_{甲苯,2}V}{RT_2}=\frac{27.155\times 1.89}{8.314\times 343.15}=0.017\,99\text{ kmol}$$

步骤4. 计算甲苯排放量

用前面计算的值代入方程计算从反应釜置换出的甲苯摩尔数。

$$N_i=N_{avg}\ln\left(\frac{P_{nc,1}}{P_{nc,2}}\right)-\left(n_{i,2}-n_{i,1}\right)_{反应釜}$$

$$N_{甲苯}=0.073\times\ln\left(\frac{98.414}{74.17}\right)-\left(0.017\,99-0.002\,3\right)=0.004\,96\text{ kmol}$$

$$E_{甲苯}=0.004\,96\times 92=0.456\,3\text{ kg}$$

案例五：含挥发混合物反应釜的加热过程中VOCs排放量

一台9.09 m^3反应器中盛有6.82 m^3溶剂混合物。溶剂混合物的组成为60%甲苯、30%氯甲烷和10%己烷。溶剂混合物从20℃加热到70℃，加热操作过程中反应器中气体排向大气。计算加热过程中每一个组分的排放量。

解：步骤1. 使用拉乌尔定律计算液相中每一个组分的气相分压和氮气的残留分压。

计算的20℃和70℃各组分的分压列于下表。

化合物	X_i	P_i（20℃）/kPa	$X_i{\cdot}P_i$（20℃）/kPa	P_i（70℃）/kPa	$X_i{\cdot}P_i$（70℃）/kPa
甲苯	0.60	2.911	1.747	27.165	16.299
庚烷	0.30	4.739	1.422	40.522	12.157
己烷	0.10	16.197	1.620	105.376	10.538
合计	1.00		4.789		38.994
氮气（残留）			96.536		62.331

步骤2. 计算平均气相摩尔体积

$$N_{avg}=\frac{1}{2}\left(n_1+n_2\right)$$

$$N_{avg}=\frac{1}{2}\left[\left(\frac{PV}{RT}\right)_1+\left(\frac{PV}{RT}\right)_2\right]=\frac{101.325\times 2.27}{2\times 8.314}\left(\frac{1}{293.15}+\frac{1}{343.15}\right)=0.087\,5\text{ kmol}$$

步骤 3. 计算反应釜气相空间加热初始和加热终端各挥发性有机物 i 的摩尔数。

使用气体定律计算甲苯的摩尔数

$$n_{i,1}=\frac{P_{i,1}V}{RT_1}=\frac{4.789\times 2.27}{8.314\times 293.15}=0.004\,5\ \text{kmol}$$

$$n_{i,2}=\frac{P_{i,2}V}{RT_2}=\frac{38.994\times 2.27}{8.314\times 343.15}=0.031\ \text{kmol}$$

$$N_i=N_{\text{avg}}\ln\left(\frac{P_{\text{nc},1}}{P_{\text{nc},2}}\right)-\left(n_{i,2}-n_{i,1}\right)_{\text{反应釜}}$$

$$N_{i\text{-总}}=0.087\,5\times\ln\left(\frac{95.536}{62.331}\right)-(0.031-0.004\,5)=0.011\,7\ \text{kmol}$$

最终计算结果列于下表

化合物	$P_{i,\text{avg}}$/kPa	摩尔分数	n_i/kmol	摩尔质量	Wt_i/kg
甲苯	9.023	0.412	0.004 83	92	0.444
庚烷	6.789	0.310	0.003 63	100	0.363
己烷	6.079	0.278	0.003 25	86	0.022
合计	21.891	1.000	0.011 71		0.829

案例六：内装挥发性混合物并带有氮气吹扫反应釜加热过程中 VOCs 排放量

把一台 5.68 m^3 内装有 3.41 m^3 某种材料的甲苯溶液的反应器在 1 h 内从 20℃加热到 70℃。已知反应釜带有 5 m^3/h 的空气吹扫。加热过程中反应器与大气相通。假设气相吹扫气的挥发性组分蒸气饱和度为 25%。计算此过程中甲苯排放量。

解：步骤 1. 计算反应釜的平均摩尔体积

初始温度 $T_i=20℃=293.15\ \text{K}$

终端温度 $T_f=70℃=343.15\ \text{K}$

系统总压 $P_{\text{系统}}=1.0$个大气压$=101.325\ \text{kPa}$

气体空间体积 $V_{\text{gas}}=2.27\ \text{m}^3$

理想气体常数 $R=8.314\ \text{Pa}\cdot\text{m}^3/(\text{mol}\cdot\text{K})$

气体定律 $n=\frac{PV}{RT}$ 或 $n_i=\frac{P_iV}{RT}$ 用于气相空间单一组分

$$N_{\text{avg}}=\frac{1}{2}(n_1+n_2)$$

$$N_{\text{avg}}=\frac{1}{2}\left[\left(\frac{PV}{RT}\right)_1+\left(\frac{PV}{RT}\right)_2\right]=\frac{101.325\times 2.27}{2\times 8.314}\left(\frac{1}{293.15}+\frac{1}{343.15}\right)=0.087\,5\ \text{kmol}$$

步骤 2. 计算氮气的初始和终端分压

使用安托因方程计算甲苯的分压：

$$p_{甲苯,20℃} = 10^{\left(6.954\,64 - \frac{1\,344.8}{20+219.482}\right)} = 21.83\ \text{mmHg} = 2.911\ \text{kPa}$$

$$p_{甲苯,70℃} = 10^{\left(6.954\,64 - \frac{1\,344.8}{70+219.482}\right)} = 203.68\ \text{mmHg} = 27.155\ \text{kPa}$$

氮气分压是系统总压与甲苯的分压的差

$$P_{\text{nc},1} = 101.325 - 2.911 = 98.414\ \text{kPa}$$

$$P_{\text{nc},2} = 101.325 - 27.155 = 74.17\ \text{kPa}$$

步骤 3. 计算加热初始和加热终端反应釜气相空间中甲苯和空气的摩尔数

$$n_{甲苯,1} = \frac{P_{甲苯,1}V}{RT_1} = \frac{2.911 \times 2.27}{8.314 \times 293.15} = 0.002\,7\ \text{kmol}$$

$$n_{甲苯,2} = \frac{P_{甲苯,2}V}{RT_2} = \frac{27.155 \times 2.27}{8.314 \times 343.15} = 0.021\,6\ \text{kmol}$$

$$n_{\text{nc},1} = \frac{P_{\text{nc},1}V}{RT_1} = \frac{98.414 \times 2.27}{8.314 \times 293.15} = 0.091\,7\ \text{kmol}$$

$$n_{\text{nc},2} = \frac{P_{\text{nc},2}V}{RT_2} = \frac{74.17 \times 2.27}{8.314 \times 343.15} = 0.059\ \text{kmol}$$

步骤 4. 计算甲苯的排放量

从反应釜置换的甲苯摩尔数等于加热过程中从反应釜置换的氮气摩尔数乘以平均摩尔比。

$$N_i = N_{\text{avg}} \ln\left(\frac{P_{\text{nc},1}}{P_{\text{nc},2}}\right) - \left(n_{i,2} - n_{i,1}\right)_{反应釜}$$

$$N_{甲苯} = 0.086\,5 \times \ln\left(\frac{98.414}{74.17}\right) - \left(0.021\,6 - 0.002\,7\right) = 0.005\,56\ \text{kmol}$$

$$E_{\text{wt-}甲苯} = 0.005\,56 \times 92 = 0.511\,5\ \text{kg}$$

步骤 5. 计算无气体吹扫时空气的排放量

$$E_{n\text{-nc}} = n_{\text{nc},1} - n_{\text{nc},2} = 0.091\,7 - 0.059 = 0.032\,7\ \text{kmol}$$

步骤 6. 计算吹扫气的摩尔数

$$E_{n\text{-}吹扫} = \left[\frac{101.325 \times (5 \times 1)}{8.314 \times 273.15}\right] = 0.223\,1\ \text{kmol}$$

步骤 7. 计算带有吹扫气且饱和度为 25%时甲苯的排放量

$$E_{n\text{-甲苯}}=\left[\frac{0.032\,7\times(0.25\times0.223\,1)}{0.032\,7}\right]\times0.005\,56=3.101\times10^{-4}\ \text{kmol}$$

$$E_{\text{wt-甲苯}}=3.101\times10^{-4}\times92=0.028\,5\ \text{kg}$$

$$E_{n\text{-nc}}=0.032\,7+0.223\,1=0.255\,8\ \text{kmol}$$

$$E_{\text{wt-nc}}=0.255\,8\times29=7.418\ \text{kg}$$

案例七：真空操作过程中 VOCs 排放量

在真空条件下，用 2.5 h 从工艺混合物中分馏 1.52 m^3 甲苯。设备组成有 3.78 m^3 蒸馏釜、冷凝器和 3.78 m^3 回收器。使用液环式真空泵降低设备系统的操作压力到 13.33 kPa。已知在这个条件下真空泵流量是 0.50 m^3/min。用 5℃的冷冻乙二醇冷却冷凝器，甲苯冷凝物是 10℃。计算设备系统 VOCs 的排放量。

解：此案例中，回收器中收集的甲苯是 10℃，通过真空泵流速确定空气泄漏速率。

回收器置换体积 1.52 m^3

操作压力 13.33 kPa

在 10℃甲苯的蒸汽压

$$p=10^{\left(A-\frac{B}{T+C}\right)}=10^{\left(6.954\,64-\frac{1\,344.8}{283.15+219.482}\right)}=12.45\ \text{mmHg}=1.66\ \text{kPa}$$

工作时间 2.5 h

计算：

不凝气分压 $P_{\text{nc}}=13.33-1.66=11.67\ \text{kPa}$

置换体积 $V_{\text{置换}}$=1.52 m^3

$$N_{\text{nc-置换}}=\frac{P_{\text{nc}}V_{\text{置换}}}{RT}=\frac{11.67\times1.52}{8.314\times293.15}=0.007\,28\ \text{kmol}$$

$$V_{\text{泄漏}}=0.50\times2.5\times60=75\ \text{m}^3$$

$$N_{\text{nc-泄漏}}=\frac{P_{\text{nc}}V_{\text{泄漏}}}{RT}=\frac{11.67\times75}{8.314\times293.15}=0.359\ \text{kmol}$$

因而

$$N_{\text{nc}}=N_{\text{nc-泄漏}}+N_{\text{nc-置换}}+N_{\text{nc-加入}}=0.359+0.007\,28+0=0.366\ \text{kmol}$$

最后

$$N_{甲苯}=\frac{P_{甲苯}}{P_{nc}}N_{nc}=\frac{1.66}{11.67}\times 0.366=0.052\ \text{kmol}$$

$$E_{甲苯}=N_{甲苯}\times M_{甲苯}=0.052\times 92.13=4.8\ \text{kg}$$

案例八：含单一挥发性溶剂反应釜的气体吹扫过程中 VOCs 排放量

7.57 m^3 的反应釜被冷却到 20℃，反应釜内溶剂丙酮被泵抽出，反应釜内只有蒸气。若之后用 28.32 m^3/h（标准状态）、20℃的氮气净化吹扫反应釜，计算随氮气排出的丙酮量？

解：步骤 1. 确定反应釜气相空间丙酮的初始分压

$$p_{丙酮,20℃}=10^{\left(7.231\,6-\frac{1\,277.03}{237.23+20}\right)}=184.95\ \text{mmHg}=24.658\ \text{kPa}$$

$$F\times t=28.32\times\left(\frac{273.15+20}{273.15}\right)\times 1=30.39\ \text{m}^3$$

$$V=7.57\ \text{m}^3$$

$$n=\frac{F\times t}{V}=\frac{30.39}{7.57}=4.01$$

步骤 2. 用反应釜的物料平衡计算从反应釜排出的丙酮量

设 $N_{丙酮}$是从反应釜置换的丙酮量：

$$E_{n\text{-}i}=\frac{P_{i,1}V}{RT}\left(1-e^{-Ft/V}\right)$$

$$E_{n\text{-}丙酮}=\frac{24.658\times 7.57}{8.314\times 293.15}\left(1-e^{-4.01}\right)=0.075\,2\ \text{kmol}$$

$$E_{Wt\text{-}丙酮}=0.075\,2\times 58.08=4.37\ \text{kg}$$

案例九：含单一挥发性溶剂反应釜的气体吹扫过程中 VOCs 排放量

直径为 1.83 m、1 个大气压压力的立式工艺反应釜，内装 25℃一定体积的庚烷，用 16.99 m^3/h（标准状态）的氮气吹扫，计算吹扫过程中庚烷的排放速率。

解：庚烷的摩尔质量是 100.2，使用式（6-36）计算质量传递系数，已知水的质量传递系数为 0.008 3 m/s。从建立的关系式可以计算其他变量。

$$K_i = K_0\left(\frac{M_0}{M_i}\right)^{\frac{1}{3}} = 0.008\,3\times\left(\frac{18.02}{100.2}\right)^{\frac{1}{3}} = 0.004\,69\ \text{m/s}$$

$P_{庚烷}^{sat}$=6.112 kPa

$P_{氮气}^{sat}$=101.325－6.112=95.213 kPa

$$F_{氮气} = 16.99\times\frac{298.15}{273.15} = 18.545\ \text{m}^3/\text{h}$$

$$F_{庚烷}^{sat} = 18.545\times\frac{6.112}{95.213} = 1.191\ \text{m}^3/\text{h}$$

$$A = \frac{\pi d^2}{4} = \frac{3.14\times1.83^2}{4} = 2.63\ \text{m}^2$$

$$S_{庚烷} = \frac{-(0.004\,69\times3\,600\times2.63+18.545)}{2\times1.191} + \frac{\sqrt{(0.004\,69\times3\,600\times2.63+18.545)^2+4\times1.191\times0.004\,69\times3\,600\times2.63}}{2\times1.191} = 0.696$$

$$E_i = \frac{M_i S_i F_i^{sat} P_{sys}}{RT} = \frac{100.2\times0.696\times1.191\times101.325}{8.314\times298.15} = 3.395\ \text{kg/h}$$

下式说明了如何用迭代法计算庚烷的饱和系数。

$$S_i = \frac{K_i A}{K_i A + F_{nc} + S_i F_i^{sat}} = \frac{0.004\,69\times3\,600\times2.63}{0.004\,69\times3\,600\times2.63+18.545+1.191S_i} = \frac{44.4}{62.95+1.191S_i}$$

初始设置 S_i 等于 1.0 开始，用二次方程快速收敛到等于前一次结果，最终结果为 0.69。

迭代 0　$S_i = 1.00$

迭代 1　$S_i = f(1.00) = 0.69$

迭代 2　$S_i = f(0.69) = 0.69$

案例十：气体吹扫含挥发性溶剂混合物的反应釜过程中 VOCs 排放量

直径为 1.83 m、1 个大气压压力的立式工艺反应釜，内装 25℃一定体积的物料，含组成为庚烷 20%、甲苯 70%和甲醇 10%的混合溶剂。用 16.99 m^3/h（标准状态）的氮气吹扫，假设这个组成是摩尔百分比，使用式（6-22）计算每一个组分的饱和系数。

应用式（6-21）前必须计算这个溶液的每个组分的几个值见下表。

化合物	分子量/（kg/mol）	25℃蒸汽压/kPa	摩尔分数	V_p/kPa	F_i^{sat}/（m^3/h）	K_i/（m/s）	$K_i·A$/（m^3/s）
庚烷	100.21	6.11	0.2	1.22	0.238	0.004 7	0.004 7
甲苯	92.13	3.79	0.7	2.65	0.505	0.004 8	0.004 8
甲醇	32.04	16.92	0.1	2.28	0.372	0.006 9	0.006 9

把上表的计算值代入式（6-27）进行迭代计算和误差处理。S_i的迭代计算和试差结果见下表。

化合物	$K_i·A$/（m^3/s）	F_i^{sat}/（m^3/h）	S_i（迭代0）	S_i（迭代1）	S_i（迭代2）	S_i（迭代3）
庚烷	44.338 6	0.464	1.0	0.678	0.686	0.686
甲苯	45.618 5	1.485	1.0	0.684	0.692	0.692
甲醇	64.839 5	0.537	1.0	0.755	0.762	0.762

之后，根据式（6-26）计算每个组分的溶剂排放速率。得到下表排放速率结果。

化合物	分子量/（kg/mol）	S_i	F_i^{sat}/（m^3/h）	E_i/（kg/h）
庚烷	100.21	0.686	0.464	0.669
甲苯	92.13	0.692	1.485	1.314
甲醇	32.04	0.762	0.537	0.371

案例十一：单物质反应釜泄压过程中VOCs排放量

使用一台 3.78 m^3 的过滤器，在 26.7℃压缩含丙酮和非挥发性固体浆液。施加 342.638 kPa 的压力到浆液上，直至达到反应所需的含固率（约 40 min）。滤饼排出前泄压过滤。估计过滤器中滤饼占据 1.89 m^3 的过滤器体积。计算泄压过程中丙酮的排放量。

解：已知

温度 $T = 26.7℃ = 299.85\ K$

初始压力 $P_1 = 342.638\ kPa$

终端压力 $P_2 = 101.325\ kPa$

气体空间体积 $V = 1.89\ m^3$

步骤 1. 确定 26.7℃时丙酮的饱和蒸汽压和在初始压力（$P_{nc,1}$）及终端压力（$P_{nc,2}$）

条件下不凝气的分压

$$P_{丙酮,26.7℃}=10^{\left(7.2316-\frac{1277.03}{299.85+237.23}\right)}=247.22\ \text{mmHg}=32.96\ \text{kPa}$$

因而

$P_{nc,1}=342.638-32.96=309.678\ \text{kPa}$

$P_{nc,2}=101.325-32.96=68.365\ \text{kPa}$

步骤 2. 计算泄压过程中排放的丙酮蒸气量

$$E_{丙酮}=\frac{VP_i}{RT}\ln\left(\frac{P_{nc,1}}{P_{nc,2}}\right)M_{丙酮}=\frac{1.89\times32.96}{8.314\times299.85}\ln\left(\frac{309.678}{68.365}\right)\times58.08=2.192\ \text{kg}$$

案例十二：涉及混合物的反应釜泄压过程中 VOCs 排放量

一台 4.54 m^3 工艺反应釜内装 2.65 m^3 溶剂混合物。溶剂混合物温度 20℃，摩尔组成为 20%丙酮、50%甲苯、30%甲醇。如果压力从 101.325 kPa 降低到 17.33 kPa，计算泄压操作过程 VOCs 的排放量。

解：已知

温度 $T=20℃=293.15\ \text{K}$

初始压力 $P_1=101.325\ \text{kPa}$

终端压力 $P_2=17.33\ \text{kPa}$

气体空间体积 $V=1.89\ \text{m}^3$

气体常数 $R=8.314\ \text{Pa}\cdot\text{m}^3/(\text{mol}\cdot\text{K})$

气体定律 $n=\frac{PV}{RT}$

确定工艺物料在 20℃时的饱和蒸汽压和组成。

在这个说明中，可以基于液相每一个组分的摩尔分数和纯物质的蒸汽压计算工艺混合物的平衡蒸汽压和组成。计算得到的混合物的总饱和蒸汽压是 10.281 kPa，列于下表。

化合物	纯物质蒸汽压/kPa	液相摩尔分数 X_i	$X_i \cdot P_i$/kPa
丙酮	24.66	0.2	4.932
甲醇	12.98	0.3	3.894
甲苯	2.91	0.5	1.455
合计	—	—	10.281

因而

$$P_{nc,1}=101.325-10.281=91.044\ \text{kPa}$$

$$P_{nc,2}=17.33-10.281=7.049\ \text{kPa}$$

$$E_{丙酮}=\frac{VP_i}{RT}\ln\left(\frac{P_{nc,1}}{P_{nc,2}}\right)M_{丙酮}=\frac{1.89\times4.932}{8.314\times293.15}\ln\left(\frac{91.044}{7.049}\right)\times58.08=0.568\ \text{kg}$$

$$E_{甲醇}=\frac{VP_i}{RT}\ln\left(\frac{P_{nc,1}}{P_{nc,2}}\right)M_{甲醇}=\frac{1.89\times3.894}{8.314\times293.15}\ln\left(\frac{91.044}{7.049}\right)\times32.04=0.314\ \text{kg}$$

$$E_{甲苯}=\frac{VP_i}{RT}\ln\left(\frac{P_{nc,1}}{P_{nc,2}}\right)M_{甲苯}=\frac{1.89\times1.455}{8.314\times293.15}\ln\left(\frac{91.044}{7.049}\right)\times92=0.266\ \text{kg}$$

因而

$$E=E_{丙酮}+E_{甲醇}+E_{甲苯}=1.148\ \text{kg}$$

案例十三：敞口容器的蒸发过程中VOCs排放量

一台直径为1.83 m装有庚烷的大型敞口立式储罐。估算在25℃和一个大气压下的挥发速率。庚烷的摩尔质量是100.2 g/mol。已知水的质量传递系数是0.83cm/s，使用公式$K_i=K_0\left(\frac{M_0}{M_i}\right)^{\frac{1}{3}}$估算庚烷的质量传递系数。计算蒸发过程中庚烷的排放量。

解：$$K_i=K_0\left(\frac{M_0}{M_i}\right)^{\frac{1}{3}}=0.008\,3\times\left(\frac{18.02}{100.2}\right)^{\frac{1}{3}}=0.004\,69\ \text{m/s}$$

$$P_{庚烷}^{sat}=10^{\left(6.893\,85-\frac{1\,264.37}{25+216.636}\right)}=45.847\ \text{mmHg}=6.112\ \text{kPa}$$

$$A=\frac{\pi d^2}{4}=\frac{3.14\times1.83^2}{4}=2.63\ \text{m}^2$$

$$E_i=\frac{M_iK_iP_i^{sat}A}{RT_L}=\frac{100.2\times0.004\,69\times3\,600\times6.112\times2.63}{8.314\times298.15}=10.955\ \text{kg/h}$$

案例十四：泼洒过程的蒸发损耗过程中 VOCs 排放量

把甲苯泼洒到户外的地面上，基于下列数据确定甲苯的蒸发率。环境温度（T）为 25℃，泼洒的面积（A）是 9.29 m^2。甲苯的摩尔质量是 92.13 g/mol。计算泼洒蒸发过程甲苯的排放量。

解：由安托因方程计算甲苯在 25℃下的饱和蒸汽压

$$P_{甲苯,25℃}=10^{\left(6.954\,64-\frac{1\,344.8}{25+219.482}\right)}=28.45\ \text{mmHg}=3.793\ \text{kPa}$$

$$K_i=K_0\left(\frac{M_0}{M_i}\right)^{\frac{1}{3}}=0.008\,3\times\left(\frac{18.02}{92.13}\right)^{\frac{1}{3}}=0.004\,82\ \text{m/s}$$

$$E_i=\frac{M_iK_iP_i^{\text{sat}}A}{RT_{\text{L}}}=\frac{92.13\times0.004\,82\times3\,600\times9.29\times3.793}{8.314\times298.15}=22.73\ \text{kg/h}$$

案例十五：气体产生逸出过程，反应涉及一个气体组分生成过程中 VOCs 排放量

在以甲苯为主要溶剂的 50℃的反应釜中发生反应。基于化学计量生成 3.63 kg 氯化氢，从反应釜中排出用时 1 h。系统压力 101.325 kPa，计算反应过程化合物的排放量。假设反应釜中物料组成的 95%（摩尔比）是甲苯，其余 5%是非挥发性物质。

解：步骤 1. 确定从反应釜排出氯化氢的量

$$E_{n\text{-HCl}}=\frac{\text{Wt}_{\text{HCl}}}{\text{MWt}_{\text{HCl}}}=\frac{3.63}{36.5}=0.099\,5\ \text{kmol}$$

步骤 2. 使用安托因方程计算 50℃甲苯的蒸汽压

$$P_{甲苯,50℃}=10^{\left(6.954\,64-\frac{1\,344.8}{50+219.482}\right)}=92.12\ \text{mmHg}=12.281\ \text{kPa}$$

反应釜中甲苯的蒸汽压

$$P_{甲苯,50℃}=0.95\times12.281=11.667\ \text{kPa}$$

步骤 3. 用蒸汽压的比计算甲苯的排放速率

$$E_{n\text{-甲苯}}=E_{n\text{-HCl}}\left(\frac{P_{甲苯}}{P_{\text{HCl}}}\right)=0.099\,5\times\left(\frac{11.667}{101.325-11.667}\right)=0.012\,9\ \text{kmol}$$

$$E_{甲苯}=0.012\,9\times92.12=1.188\ \text{kg}$$

案例十六：涉及多组分气体生成的反应和氮气吹扫过程中 VOCs 排放量

在以甲苯为主要溶剂的 50℃的反应釜中发生化学反应 1 h。生成 3.63 kg 氯化氢和等摩尔量的二氧化硫，从反应釜中排出用时 1 h。系统压力 101.325 kPa，氮气吹扫气流速 0.85 m^3/h（标态），计算反应过程化合物的排放量。假设反应釜中物料组成 95%（摩尔比）是甲苯，其余 5%是非挥发性物质。

解：步骤 1. 确定反应釜 1 h 内排放的氯化氢、二氧化硫和氮气。从排放的 HCl 的质量和摩尔质量计算 HCl 的摩尔量。SO_2 的摩尔量等于计算得到的 HCl 的摩尔量。

$$E_{n\text{-HCl}}=\frac{\mathrm{Wt_{HCl}}}{\mathrm{MWt_{HCl}}}=\frac{3.63}{34.461}=0.099\,6\ \mathrm{kmol}$$

$$E_{n\text{-SO}_2}=n_{\mathrm{HCl}}=0.099\,6\ \mathrm{kmol}$$

$$E_{\mathrm{Wt\text{-}SO_2}}=0.099\,6\times64.043=6.38\ \mathrm{kg}$$

基于 0.85 m^3/h（标态）氮气流率和 1 h 反应时间的氮气吹扫计算氮气的摩尔量。

$$E_{n\text{-N}_2}=\frac{0.85\times1}{0.022\,4}=0.038\ \mathrm{kmol}$$

$$E_{\mathrm{Wt\text{-}N_2}}=0.038\times28.013=1.06\ \mathrm{kg}$$

把 HCl、SO_2、N_2 的摩尔量相加计算不凝性组分的总摩尔数。

$$E_{n\text{-rxn}}=E_{n\text{-HCl}}+E_{n\text{-SO}_2}+E_{n\text{-N}_2}=0.099\,6+0.099\,6+0.038=0.237\ \mathrm{kmol}$$

步骤 2. 使用安托因方程计算 50℃ 甲苯的蒸汽压

$$P_{\text{甲苯},50℃}=\exp\left(6.954\,64-\frac{1\,344.8}{323.15+219.482}\right)=11.72\ \mathrm{kPa}$$

反应釜中甲苯的蒸汽压

$$P_{\text{甲苯},50℃}=0.95\times11.72=11.13\ \mathrm{kPa}$$

步骤 3. 用蒸汽压的比计算甲苯的排放速率

$$E_{n\text{-甲苯}}=\left(\frac{P_{\text{甲苯}}}{\sum P_{\mathrm{rxn}}}\right)E_{n\text{-rxn}}=\left(\frac{P_{\text{甲苯}}}{P_{\mathrm{sys}}-P_{\text{甲苯}}}\right)E_{n\text{-rxn}}$$

$$E_{n\text{-甲苯}}=\frac{11.13}{101.325-11.13}\times0.237=0.029\,2\ \mathrm{kmol}$$

$$E_{\text{甲苯}}=0.029\,2\times92.12=2.69\ \mathrm{kg}$$

$$E_{\mathrm{Wt\text{-}SO_2}}=6.38\ \mathrm{kg}$$

$$E_{\mathrm{Wt\text{-}HCl}}=3.63\ \mathrm{kg}$$

$$E_{\mathrm{Wt\text{-}N_2}}=0.038\times28.013=1.06\ \mathrm{kg}$$

案例十七：离心/过滤过程中 VOCs 排放量的核算

将甲苯溶液通过离心过滤机进行离心过滤，离心时间为 2 h，静置时间为 1 h。得到的滤饼质量为 15 kg，其比表面积为 0.3 m^2/g，离心过滤机的内表面积为 16 m^2，在此条件下甲苯的蒸发强度为 0.01 kg/（$m^2 \cdot h$），计算甲苯排放量。

解：核算本次操作过程中 VOCs 的排放量

$$
\begin{aligned}
E_i &= M_{ev} \times (1\,000am + A) \times (1.45t_1 + t_2) \\
&= 0.01 \times (0.3 \times 15 \times 1\,000 + 16) \times (1.45 \times 2 + 1) \\
&= 176.12\ \text{kg}
\end{aligned}
$$

所以 VOCs 排放量为 176.12 kg。

案例十八：蒸馏/分馏过程中 VOCs 排放量

把 0.38 m^3 废甲苯充装入间歇蒸馏釜以便蒸馏回收。充装的甲苯温度是 18℃，其中含有 1.5%（摩尔比）的非挥发性固体废物。沸点检验表明，废甲苯溶液的沸点为 111.2℃。当空置时，蒸馏釜有 0.836 m^3 的气相空间。使用顶置热交换器将纯甲苯馏分冷凝到 20℃。计算在这个过程中 VOCs 的排放量。

解：核算本次操作过程中 VOCs 的排放量

步骤 1. 计算需回收的冷溶剂向蒸馏釜充装过程中 VOCs 的排放量

使用标准的充装模型计算向蒸馏釜充装冷废溶剂产生的 VOCs 排放量。首先计算使用的基本值。

确定 T/K　$T = 18℃ = 291.15\ \text{K}$

安托因方程 $P_{甲苯饱和蒸气压} = 10^{\left(6.954\,64 - \frac{1\,344.8}{291.15+219.482}\right)} = 19.58\ \text{mmHg} = 2.61\ \text{kPa}$

拉乌尔定律 $p_{甲苯} = 0.985P_{甲苯} = 0.985 \times 2.61 = 2.571\ \text{kPa}$

体积 $V_{置换} = 0.38\ \text{m}^3$

理想气体常数 $R = 8.314\ \text{Pa} \cdot \text{m}^3 / (\text{mol} \cdot \text{K})$

排出的甲苯摩尔数 $n_{甲苯} = \dfrac{p_{甲苯}V}{RT} = \dfrac{2.571 \times 0.38}{8.314 \times 291.15} = 0.000\,4\ \text{kmol}$

排出的甲苯质量 $E_{甲苯} = 0.000\,4 \times 92 = 0.036\,8\ \text{kg}$

步骤 2. 加热蒸馏釜中溶剂

由于蒸馏系统有一台操作温度为 20℃的工艺冷凝器，气相空间体积为 0.456 m^3。假设加热过程中设备系统逸出的 VOCs 是 20℃甲苯饱和气体。应注意到初始加热过程中，温度在18～20℃时，冷凝器排出气的甲苯量小于20℃的饱和排出量。然而，与加热到蒸馏前的沸点温度111.2℃产生的总排放量比较，这个误差可忽略。

初始温度 T_i=18℃=291.15 K

系统总压 P_T=1.0 atm=101.325 kPa

气相空间体积 V_{gas}=0.456 m^3

气体常数 R=8.314

安托因方程 $P_{甲苯,18℃}$=2.61 kPa

在18℃氮气的分压是系统总压与甲苯分压的差值。

$P_{nc,1} = 101.325 - P_{甲苯,1} = 98.715\ \text{kPa}$

气体定律 $n = \dfrac{PV}{RT}$ 或 $n_i = \dfrac{P_i V}{RT}$ 在气相空间组分 i 的摩尔数

使用理想气体定律在初始条件下计算加热过程中从蒸馏釜中置换的氮气总量。当废甲苯溶液的温度升到沸点温度时，假设所有的氮气已被赶出，蒸馏釜气相空间只含有饱和的甲苯蒸汽。因而，理想气体定律用于计算置换的氮气摩尔数。

加热过程置换的氮气 $n_{N_2} = \dfrac{P_{N_2} V}{RT} = \dfrac{98.715 \times 0.456}{8.314 \times 291.15} = 0.018\,6\ \text{kmol}$

冷凝器工艺排放口出口温度为20℃。假设出口工艺排气被甲苯蒸汽饱和。因而，用氮气的摩尔数乘以甲苯和氮气的分压比计算工艺过程排出的甲苯的量。

20℃甲苯的分压（安托因方程）2.91 kPa

20℃氮气的分压 101.325－2.91=98.415 kPa

总甲苯排放摩尔数 $n_{甲苯} = \dfrac{2.91}{98.415} \times 0.018\,6 = 0.000\,5\ \text{kmol}$

总甲苯排放量 $E_{甲苯} = 0.000\,5 \times 92 = 0.046\ \text{kg}$

步骤3. 接受从蒸馏过程来的溶剂

如果蒸馏含1.5%非挥发性杂质的废甲苯，蒸馏后釜底的组成是50%甲苯和50%非挥发性杂质。回收甲苯的体积是0.368 6 m^3。使用充装模型计算实际蒸馏操作过程VOCs的排放量。估算在20℃从冷凝器进入收集装置排放的甲苯量。

20℃甲苯蒸汽压 2.91 kPa

置换体积 0.368 6 m^3

排出的甲苯摩尔数 $n_i = \dfrac{P_i V}{RT} = \dfrac{2.91 \times 0.368\,6}{8.314 \times 293.15} = 0.000\,4\ \text{kmol}$

排出的甲苯质量 $E_{甲苯} = 0.000\,4 \times 92 = 0.036\,8\ \text{kg}$

步骤 4. 间歇净化甲苯

将收集装置中 0.368 6 m^3 净化后的甲苯，灌入包装桶中。若灌装现场无通风设备，灌装过程产生的排放损失可视为简单的充装排放。当 0.368 6 m^3 甲苯从回收器转入包装桶时，从包装桶置换出 0.368 6 m^3 饱和的溶剂气体，使用理想气体定律计算排放量。

$$n_i = \frac{P_i V}{RT} = \frac{2.91 \times 0.368\,6}{8.314 \times 293.15} = 0.000\,4 \text{ kmol}$$

$$E_{甲苯} = 0.000\,4 \times 92 = 0.036\,8 \text{ kg}$$

步骤 5. 全部过程中甲苯的 VOCs 排放量

用加和每一个独立步骤的排放量估算整个回收过程的 VOCs 排放量。

活动描述	质量/kg
充装 0.38 m^3 废甲苯溶剂	0.036 8
加热间歇蒸馏釜	0.046
在回收器回收甲苯	0.036 8
把回收的 0.368 6 m^3 甲苯充入包装桶	0.036 8
过程的总排放	0.156 4

所以产生 VOCs 的量为 0.156 4 kg。

案例十九：排放系数法核算延迟焦化切焦过程 VOCs 排放量

某延迟焦化装置加工规模 160×10^4 t/a，实际进料量 180 t/h，装置运行温度为 495℃，年运行时间为 8 760 h，估算年度装置切焦过程 VOCs 排放量。

解：核算年度焦化装置切焦过程 VOCs 排放量

查阅延迟焦化装置切焦过程单位进料 VOCs 排放系数为 1.63×10^{-4} t/t 进料

$$\begin{aligned} E_{焦化切焦,i} &= \text{Flow}_{进料} \times \text{EF} \times t \\ &= 180 \times 1.63 \times 10^{-4} \times 8\,760 \\ &= 257.02 \text{ t/a} \end{aligned}$$

7 厂内道路及非道路移动源

7.1 概述

工业企业厂内道路及非道路移动源包括燃气或燃油的机动车（载客汽车及载货汽车）、工程建设施工机械（包括挖掘机、推土机、装载机、叉车、压路机、摊铺机、平地机等）、小型通用机械（用小型点燃式发动机的非道路移动机械，主要燃料为汽油）及柴油发电机组。这些机械在厂内运行过程中会由于油品在油箱中储存产生挥发或燃料燃烧后产生 VOCs 排放。

7.2 排查工作流程

排查工作流程包括资料收集、源项解析、统计核算、格式报表四部分，具体工作流程见图 7-1。

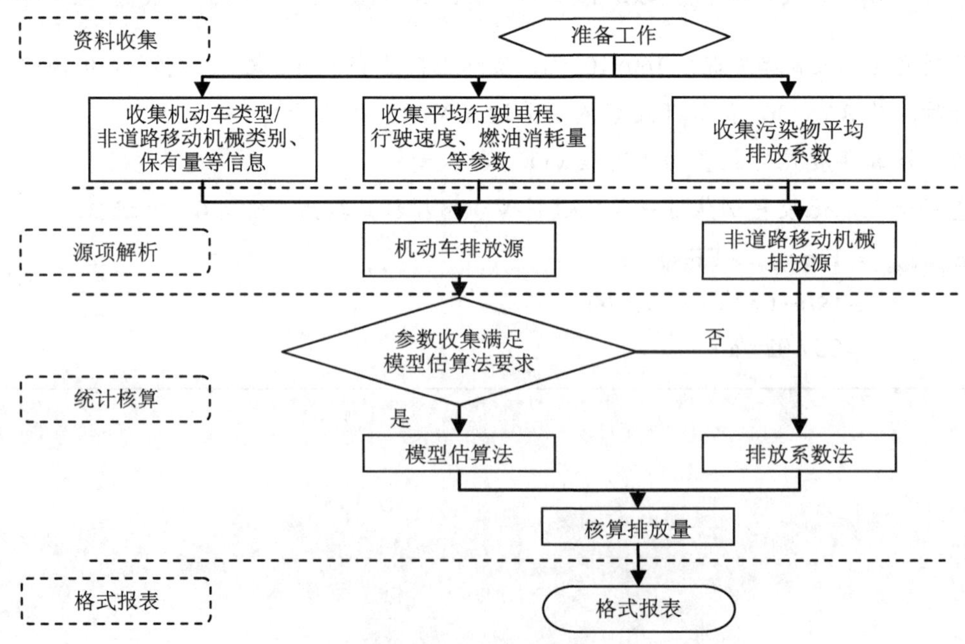

图 7-1　厂内道路及非道路移动源排查工作流程

7.3 源项解析

工业企业厂内包括燃气或燃油的机动车、工程建设施工机械、小型通用机械及柴油发电机组等移动源废气排放也是 VOCs 的一个排放源。该源项具体分为道路机动车排放和非道路移动机械排放两大类。

7.4 现场检查

7.4.1 资料收集

厂内道路及非道路移动源排放 VOCs 污染源排查收集的技术资料主要包括道路机动车排放信息和非道路移动机械排放信息两部分。

7.4.2 道路机动车排放信息

主要包括机动车的类型、规格、单位行驶里程的污染物排放系数、行驶过程中的蒸发排放系数、驻车期间的综合排放系数、平均行驶里程、平均行驶速度，以及各类型机动车保有量等信息。

7.4.3 非道路移动机械排放信息

主要包括机动车的类型、规格、单位行驶里程的污染物排放系数、行驶过程中的蒸发排放系数、驻车期间的综合排放系数、平均行驶里程、平均行驶速度，以及各类型机动车保有量等信息。

7.5 推荐估算方法

移动源排放源项 VOCs 核算方法主要是排放系数法和模型估算法。

排放系数法分为道路机动车和非道路移动机械排放两大类，详细参数获取可参照原环境保护部《关于发布〈大气可吸入颗粒物一次源排放清单编制技术指南（试行）〉等 5 项技术指南的公告》（公告 2014 年 第 92 号）的附件 3《道路机动车大气污染物排放清单编制技术指南（试行）》及附件 4《非道路移动源大气污染物排放清单编制技术指南（试行）》。

道路机动车模型估算法可参考欧洲环境局 COPERTE 模型或美国国家环境保护局

MOBILE 模型。COPERTE 模型由欧洲环境局开发，建立在大量可靠的实验数据基础上，并与我国机动车的发动机技术和测试工况等兼容性高，应用较为广泛。MOBILE 模型由美国国家环境保护局开发，其排放系数更加接近我国机动车台架实测值。

7.5.1 道路机动车排放

道路机动车类型包括载客汽车和载货汽车。道路机动车 VOCs 排放量（E）主要包括机动车尾气排放（E_1）和蒸发排放的 VOCs（E_2）两部分。其计算公式如下：

$$E = E_1 + E_2 \tag{7-1}$$

$$E_1 = \sum_i P_i \times \mathrm{EF}_i \times \mathrm{VKT}_i \times 10^{-6} \tag{7-2}$$

式中：E_1——第三级机动车排放源 i 对应的 VOCs 年排放量，t；

EF_i——i 类型机动车行驶单位距离尾气的 VOCs 排放量，g/km；

P——所在地 i 类型机动车保有量，辆；

VKT_i——i 类型机动车的年均行驶里程，km/辆。

$$E_2 = \left(\mathrm{EF}_1 \times \frac{\mathrm{VKT}}{V} + \mathrm{EF}_2 \times 365 \right) \times P \times 10^{-6} \tag{7-3}$$

式中：E_2——每年行驶及驻车期间的 HC 蒸发排放量，t；

EF_1——机动车行驶过程中的蒸发排放系数，g/h；

VKT——当地车辆的单车年均行驶里程，km/辆；

V——机动车运行的平均行驶速度，km/h；

EF_2——驻车期间的综合排放系数，主要包括热浸、昼间和渗透过程中排放系数，g/d；

P——当地以汽油为燃料的机动车保有量，辆。

式（7-2）和式（7-3）中详细参数获取可参照原环境保护部《关于发布〈大气可吸入颗粒物一次源排放清单编制技术指南（试行）〉等 5 项技术指南的公告》（公告 2014 年 第 92 号）附件 3《道路机动车大气污染物排放清单编制技术指南（试行）》。

7.5.2 非道路移动机械排放

基于可获取的排放源相关信息翔实程度，非道路移动机械排放系数法可分为 3 种，方法 1 中的排放系数采用欧盟 EMEP/CORNAIR 数据，方法 2 和方法 3 中的排放系数基于实测数据获得。3 种方法的准确度从高到低依次为方法 3、方法 2、方法 1。3 种方法选择详见图 7-2。

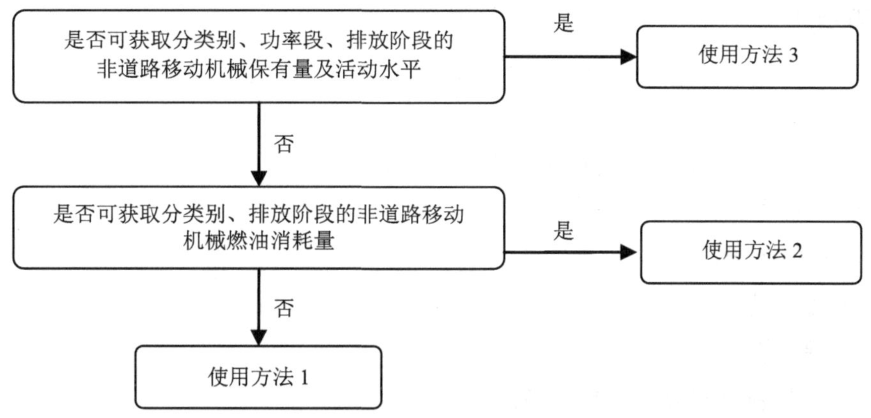

图 7-2　非道路移动机械排放计算方法选择流程

7.5.2.1　方法 1

$$E = \left(Y \times \mathrm{EF}\right) \times 10^{-6} \tag{7-4}$$

式中：E——非道路移动机械的 VOCs 排放量，t；

Y——燃油消耗量，kg；

EF——排放系数，g/kg。排放系数采用欧盟 EMEP/CORINAIR 数据，取自原环境保护部《关于发布〈大气可吸入颗粒物一次源排放清单编制技术指南（试行）〉等 5 项技术指南的公告》（公告 2014 年 第 92 号）附件 4《非道路移动源大气污染物排放清单编制技术指南（试行）》。

7.5.2.2　方法 2

$$E = \sum_{j}\sum_{k}\left(Y_{j,k} \times \mathrm{EF}_{j,k}\right) \times 10^{-6} \tag{7-5}$$

式中：E——非道路移动机械的 HC 排放量，t；

j——非道路移动机械的类别；

k——排放阶段；

Y——燃油消耗量，kg；

EF——排放系数，g/kg。

式（7-5）中详细参数获取可参照原环境保护部《关于发布〈大气可吸入颗粒物一次源排放清单编制技术指南（试行）〉等 5 项技术指南的公告》（公告 2014 年 第 92 号）附件 4《非道路移动源大气污染物排放清单编制技术指南（试行）》。

7.5.2.3 方法3

$$E=\sum_j\sum_k\sum_n\left(P_{j,k,n}\times G_{j,k,n}\times \mathrm{LF}_{j,k,n}\times \mathrm{hr}_{j,k,n}\times \mathrm{EF}_{j,k,n}\right)\times 10^{-6} \tag{7-6}$$

式中：E——非道路移动机械的VOCs排放量，t；

j——非道路移动机械的类别；

k——排放阶段；

n——功率段；

P——保有量，辆；

G——平均额定净功率，kW/辆；

LF——负载因子；

hr——年使用小时数，h；

EF——污染物排放系数，g/（kW·h）。

式（7-6）中详细参数获取可参照原环境保护部《关于发布〈大气可吸入颗粒物一次源排放清单编制技术指南（试行）〉等5项技术指南的公告》（公告 2014年 第92号）附件4《非道路移动源大气污染物排放清单编制技术指南（试行）》。

7.6 报告格式

排查工作结束后应编制排查报告，排查报告的格式及内容见表7-1。

表7-1 厂内燃料使用VOCs污染源排查报告

排查项目	厂内燃料使用VOCs污染源排查
排查单位	××公司
监测实施单位	××公司
报告编制单位	××公司
排查时间	××××年××月××日
监测时间	××××年××月××日
移动源排放污染源基本情况（填写模板）	收集统计道路机动车排放信息和非道路移动机械排放信息两部分资料。 ①道路机动车排放：主要包括机动车类型、规格、单位行驶里程的污染物排放系数、行驶过程中的蒸发排放系数、驻车期间的综合排放系数、平均行驶里程、平均行驶速度、各类型机动车保有量等信息； ②非道路移动机械排放：主要包括非道路移动机械类别、保有量、排放阶段、功率段、负载因子、年使用小时数、燃油消耗量、污染物排放系数等信息
移动源排放污染源VOCs排放估算结果及评估（填写模板）	企业××年度移动源VOCs排放量约为××t，其中道路机动车VOCs排放量约为××t，非道路移动机械VOCs排放量约为××t
备注	其他需要说明的事项

7.7 管理要求

企业可根据厂内道路和非道路移动源情况，做好日常油品消耗和行驶里程等信息的记录，作为核算信息。

7.8 估算方法案例

案例一：排放系数法计算道路机动车 VOCs 排放量

某厂统计中型柴油货车 5 辆、轻型汽油货车 8 辆，均为国四排放标准。中型货车的年平均行驶里程为 3 300 km/辆、轻型货车的年平均行驶里程为 4 950 km/辆。机动车平均形式速度为 5 km/h。估算该厂道路机动车 VOCs 排放量。

解：机动车尾气排放 VOCs 情况

查阅文件，轻型汽油货车国四排放标准下的综合基准排放系数为 0.169 g/km，中型柴油货车国四排放标准下的综合基准排放系数为 0.364 g/km。

$$
\begin{aligned}
E_1 &= \sum_i P_i \times \mathrm{EF}_i \times \mathrm{VKT}_i \times 10^{-6} \\
&= (5 \times 0.364 \times 3\,300 + 8 \times 0.169 \times 4\,950) \times 10^{-6} \\
&= 0.012\,7\ \mathrm{t}
\end{aligned}
$$

机动车蒸发排放 VOCs 情况

机动车每年行驶及驻车期间的 VOCs 排放系数 EF_1 和 EF_2 分别为 11.6 g/h 和 6.5 g/d。

$$
\begin{aligned}
E_2 &= \left(\mathrm{EF}_1 \times \frac{\mathrm{VKT}}{V} + \mathrm{EF}_2 \times D\right) \times P \times 10^{-6} \\
&= \left(11.6 \times \frac{3\,300}{5} + 6.5 \times 330\right) \times 5 \times 10^{-6} + \left(11.6 \times \frac{4\,950}{5} + 6.5 \times 330\right) \times 8 \times 10^{-6} \\
&= 0.158\ \mathrm{t}
\end{aligned}
$$

$$E = E_1 + E_2 = 0.012\,7 + 0.158 = 0.170\,7\ \mathrm{t}$$

案例二：排放系数法核算非道路移动机械 VOCs 排放量

某厂统计有装载机、叉车及柴油发电机组排放 VOCs，其中装载机和叉车燃油消耗量为每年 800 t，柴油发电机燃油消耗为每年 1 500 t，估算该厂非道路移动机械 VOCs 年排放量。

解：查阅非道路移动机械平均排放系数，工程机械和柴油发电均为 3.39 g/kg 燃料，

$$E_{非道路移动机械} = (Y \times \mathrm{EF}) \times 10^{-6}$$
$$= (800\,000 + 1\,500\,000) \times 3.39 \times 10^{-6}$$
$$= 7.8\ \mathrm{t/a}$$

参考文献

[1] GB 31570—2015. 石油炼制工业污染物排放标准[S].

[2] GB 31571—2015. 石油化学工业污染物排放标准[S].

[3] GB 37822—2019. 挥发性有机物无组织排放控制标准[S].

[4] GB 37823—2019. 制药工业大气污染物排放标准[S].

[5] 周学双，童莉，韩建华，等. 工业 VOCs 精细化环境管理的对策建议[J]. 环境保护，2014，1：41-43.

[6] 黄维秋. 油气回收基础理论及其应用[M]. 北京：中国石化出版社，2011.

[7] AP 42，Liquid Storage Tanks，Fifth Edition，Volume I Chapter 7. 2020. https：//www. epa. gov/sites/default/files/2020-10/documents/ch07s01.pdf.

[8] 李洁. VOC 废气处理的技术进展[A]//中国环境保护优秀论文集（2005）（下册）[C]. 2005：261-263.

[9] GB 16297—1996. 大气污染物综合排放标准[S].

[10] 张林，陈欢林，柴红. 挥发性有机物废气的膜法处理工艺研究进展[J]. 化工环保，2002，22（2）：75-80.

[11] T T Shen，G H Sewell. Control of VOCs Emission from Waste Management Facilites[J]. Journal of Environmental Engineering，1988，114：1392.

[12] S Verstraete，J Hermia，S Vigneronc. VOC Separation on Membranes：A Review[J]. Studies in Environmental Science，1994，61：359-373.

[13] K Ohlorogge，J Brockmoller，J Wind，et al. Engineering Aspects of the Plant Design to Separate Volatile Hydrocarbons by Vapor Permeation[J]. Separation Science and Technology，1993（28）：227-240.

[14] D Bhaumik，S Majumdar，KK Sirkar. Pilot-Plant and Laboratory Studies on Vapor Permeation Removal of VOCs from Waste Gas Using Silicone-coated Hollow Fibers[J]. Journal of Membrance Science，2000，167：107-122.

[15] A Fouda，J Bai，S G Zhang，et al. Membrane Separation of Low Volatile Organic Compounds by Pervaporation and Vapor Permeation ［J］. Desalination，1993（90）：209-233.

[16] 童莉，郭森，崔积山，等. 美国炼油厂排放估算协议[M]. 北京：中国环境出版社，2015.

[17] 金熙，项成林，齐冬子. 工业水处理技术问答（第四版）[M]. 北京：化学工业出版社，2010.

[18] 张建华，刘丽娜，等. 炼油循环水水冷器泄漏的危害与排查方法[J]. 中国技术博览，2011（30）.

[19] 国家环境保护总局. 空气和废气监测分析方法（第四版）[M]. 北京：中国环境科学出版社，2003.

[20] 张洪山，张树华. 原油取样检验中的问题及处理措施[J]. 油气储运，2009，28（12）：75-79.

[21] Ma Yiran，Fu Shaqi，Gao Song，et al. Update on volatile organic compound（VOC）source profiles and ozone formation potential in synthetic resins industry in China[J]. Environmental Pollution，2021：291.

[22] 邵弈欣，陆燕，楼振纲，等. 制药行业VOCs排放组分特征及其排放因子研究[J]. 环境科学学报，2020，40（11）：4145-4155.

[23] 荆夕庆，武春梅，李永，等. 水性/高固含/无溶剂工业防腐涂料产品全生命周期的环保分析[J]. 涂料工业，2018，48（1）：63-69.

[24] 刘胜军. 物料衡算法在工业涂装企业挥发性有机物排放量核算中的应用[J]. 节能与环保，2021（11）：86-87.

[25] 生态环境部大气环境司，生态环境部环境规划院. 挥发性有机物治理使用手册[M]. 北京：中国环境出版集团，2020.

[26] 生态环境部大气环境司，生态环境部环境规划院. 挥发性有机物治理使用手册（第二版）[M]. 北京：中国环境出版集团，2021.

[27] 王燕军，吉喆，谢琼，等. 汽油存储过程VOCs排放影响因素研究[J]. 环境工程技术学报，2021，11（3）：523-529.

[28] 杨一鸣，崔积山，戴伟平，等. 挥发性有机物管控体系研究[M]. 北京：中国环境出版社，2016.

[29] 周学双，崔书红，童莉，等. 石化化工企业挥发性有机物污染源排查及估算方法研究与实践[M]. 北京：中国环境出版社，2015.

[30] 王赫婧，沙莎，庄思源，等. 第二次全国污染源普查工业污染源挥发性有机物产污系数及排放量核算方法建立[J]. 环境保护，2020，48（18）：18-23.

[31] 李军，牟滨子，黄敏超，等. 泄漏检测与修复过程的问题与建议[J]. 环境影响评价，2018，40（6）：20-24.

[32] 左申梅，王赫婧，庄思源，等. VOCs管控问题与对策建议[J]. 环境影响评价，2018，40（6）：1-5.

[33] 董振龙，王赫婧，庄思源，等. 储罐VOCs排放分析及减排策略[J]. 环境影响评价，2018，40（6）：16-19，24.

[34] 崔积山，顾军飞，左申梅，等. 石化行业挥发性有机物综合管控探讨[J]. 环境保护，2017，45（13）：30-33.

[35] 崔积山，牛皓，沙莎，等. 基于污染物综合管控效率的全过程精细化管控对策建议[J]. 环境保护，2017，45（10）：43-45.

[36] 王奉天，陈俊，周学双，等. 石化行业有机液体储罐VOCs损耗估算方法浅析[J]. 安全、健康和环境，2017，17（5）：29-33.

[37] 庄思源，沙莎，郭森，等. 石化化工 VOCs 污染源控制的对策建议[J]. 环境影响评价，2014（1）：18-19.

[38] 苑文凯，庄思源，段潍超，等. 挥发性有机物排放量核算的误差传递放大途径解析及对策建议[A]// 2017 中国环境科学学会科学与技术年会论文集（第四卷）[C]. 2017：453-457.

[39] 崔积山，王奉天，庄思源，等. 炼化企业酸性水罐区无组织废气回收治理技术浅谈[C]//. 2014 中国环境科学学会学术年会，2014：596-599.

[40] 何少林，崔积山，童莉，等. 构建开放监督型工业源挥发性有机物排污申报平台的建议[J]. 中国环境管理，2016，8（3）：101-105.

[41] 叶代启. 工业挥发性有机物的排放与控制[M]. 北京：科学出版社，2018.

[42] 孙昱动，山红红. 炼油化工工艺概论[M]. 北京：石油工业出版社，2020.

[43] Faiz Asif，Weaver Christopher S，Walsh Michael P. Air pollution from motor vehicles：Standards and technologies for controlling emissions[M]. Washington D C：The World Bank，1996.

[44] 刘秀凤. 涂料行业如何降低 VOC 排放[J]. 化工管理，2012（9）：55-56.

[45] 朱敏慧. 巴斯夫：如何从低 VOC 排放，到可持续发展[J]. 汽车与配件，2021（10）：69.

[46] 王赫婧，沙莎，庄思源，等. 第二次全国污染源普查工业污染源挥发性有机物产污系数及排放量核算方法建立[J]. 环境保护，2020，48（18）：18-23.

[47] H K Chagger，J M Jones，M Pourkashanian，et al. Emission of volatile organic compounds from coal combustion[J]. Fuel，1999，78（13）：1527-1538.

附　录

附录 1 燃烧烟气排查表

燃烧烟气排查内容见附表 1-1 至附表 1-3。

附表 1-1 燃烧烟气污染源 VOCs 排放数据（实测法）

序号	装置/设施名称	燃烧烟气污染源名称	燃料种类	运行负荷/%	燃料消耗量[a]	运行时间/h	烟气流量[b]	温度/℃	压力/Pa	水含量（体积分数）/%	氧含量（体积分数）/%	VOCs浓度[c]	监测方法	监测日期

注：[a] 燃料消耗量单位气体为 m^3/h，液体及固体为 t/h；

[b] 烟气流量采用在线监测时单位为 m^3/min，采用定期人工测量时单位为 m^3/h；

[c] VOCs 浓度以 NMHC 表示，采用在线监测时单位为 10^{-6}（体积浓度），采用定期人工分析时单位为 mg/m^3。

附表 1-2 燃烧烟气污染源 VOCs 排放数据（*F* 系数法）

序号	装置/设施名称	燃烧烟气污染源名称	运行负荷/%	燃料气组成（体积分数）/%	燃料消耗量[a]	燃料热值[b]/（kJ/m^3）	运行时间/h	VOCs浓度[c]	监测方法	监测日期

注：[a] 燃烧消耗量单位气体为 m^3/h，液体及固体为 t/h；

[b] 燃料热值为高位热值；

[c] VOCs 浓度以 NMHC 表示，采用在线监测时单位为 10^{-6}（体积浓度），采用定期人工分析时单位为 mg/m^3。

附表 1-3 燃烧烟气污染源 VOCs 排放数据（排放系数法）

序号	装置/设施名称	燃烧烟气污染源名称	燃料种类	锅炉形式[a]	运行负荷/%	燃料消耗量[b]	VOCs排放系数	运行时间/h	填报日期

注：[a] 污染源为锅炉时填煤粉炉、流化床炉、链条炉等锅炉的型式；

[b] 燃烧消耗量单位气体为 m^3/h，液体及固体为 t/h。

附录 2　工艺过程 VOCs 有组织排放排查表

工艺过程 VOCs 有组织排放排查内容见附表 2-1 至附表 2-4。

附表 2-1　工艺过程 VOCs 有组织污染源排放数据（实测法）

序号	装置名称	工艺废气污染源名称	处理设施名称	运行负荷/%	控制设施规模/（m^3/h）	年运行时间/h	监测项目							
							废气流量/（m^3/h）	温度/℃	压力/Pa	水含量（体积分数）/%	氧含量（体积分数）/%	VOCs 浓度/（mg/m^3）	监测方法	监测日期

附表 2-2　工艺过程 VOCs 有组织污染源排放数据（物料衡算法）

序号	装置名称	装置规模/（万 t/a）	年运行时间/h	系统输入量/（t/h）			系统输出量/（t/h）			控制设施规模/（m^3/h）	控制设施效率/%	控制设施投用率/%	填报日期
				原料带入量	各类助剂带入量/（t/a）	其他环节带入量	产品、副产品带出量	废水、固废带出量	其他环节带出量				

附表 2-3　工艺过程 VOCs 有组织污染源排放数据（物料平衡法）

序号	装置名称	装置规模/（万 t/a）	年运行时间/h	系统输入量/（t/h）			系统输出量/（t/h）			控制设施规模/（m^3/h）	控制设施效率/%	填报日期
				原料带入量	各类助剂带入量/（t/a）	其他环节带入量	产品、副产品带出量	废水、固废带出量	其他环节带出量			

附表 2-4 延迟焦化装置有组织污染源 VOCs 排放数据（系数法）

序号	装置名称	装置规模/（万 t/a）	年运行时间/h	焦炭塔循环周期/（h/次）	每次循环焦炭塔个数/个	VOCs 排放系数/[t/（单塔·次）]	填报日期

附录 3 工艺过程 VOCs 无组织排放排查表

工艺无组织排放排查内容见附表 3-1 至附表 3-2。

附表 3-1 装置或操作过程无组织废气 VOCs 数据（物料平衡法）

序号	装置/单元名称	操作过程	装置投入 VOCs[a]/（kg/h）	装置产出 VOCs/（kg/h）	年运行时间/h	填报日期

注：[a] 表中装置投入包括原料、助剂、化学品等投入的量，装置产出包括产品、副产品、废弃物、回收及处理设施等带出的量。

附表 3-2 延迟焦化装置无组织污染源 VOCs 排放数据（系数法）

序号	装置/单元名称	装置规模/（万 t/a）	装置进料量/（t/h）	年运行时间/h	VOCs 排放系数/（t/t 装置进料）	填报日期